Vissenschaftliche Taschenbücher WTB

TEXTE

D. ter Haar

Quantentheorie

Einführung und Originaltexte

Akademie-Verlag · Berlin
Pergamon Press · Oxford
Vieweg & Sohn · Braunschweig

WTB Wissenschaftliche Taschenbücher

ROLF BORSDORF / MANFRED SCHOLZ
Spektroskopische Methoden in der organischen Chemie
WERNER HABERDITZL
Magnetochemie
GERHARD HEBER
Mathematische Hilfsmittel der Physik, Teil I und II
A. A. SOKOLOW
Elementarteilchen
HERBERT GOERING
Elementare Methoden zur Lösung von Differentialgleichungsproblemen
HEINZ AHRENS
Varianzanalyse
HANS-JÜRGEN TREDER
Relativität und Kosmos. Raum und Zeit in Physik, Astronomie und Kosmologie
ALBERT EINSTEIN
Grundzüge der Relativitätstheorie
ALBERT EINSTEIN
Über die spezielle und die allgemeine Relativitätstheorie
GÜNTHER LUDWIG
Wellenmechanik. Einführung und Originaltexte
HARRY PAUL
Lasertheorie, Teil I und II
F. RUDOLF KESSLER
Einführung in die physikalischen Grundlagen der Kernenergiegewinnung
D. TER HAAR
Quantentheorie. Einführung und Originaltexte

Vorschau auf die nächsten Bände:

J. H. SANDERS
Die Lichtgeschwindigkeit. Einführung und Originaltexte
STEPHEN G. BRUSH
Kinetische Theorie, Teil I und II. Einführung und Originaltexte

WTB

BAND 56

D. ter Haar

Quantentheorie

Einführung und Originaltexte

Mit 15 Abbildungen

AKADEMIE-VERLAG · BERLIN

PERGAMON PRESS · OXFORD

VIEWEG & SOHN · BRAUNSCHWEIG

WTB TEXTE

Verantwortlicher Herausgeber dieses Bandes:
Prof. Dr. Adolf Kühnel,
Sektion Physik
der Karl-Marx-Universität, Leipzig

Übersetzung aus dem Englischen:
Dr. A. Pinkowski

Übersetzung des Bandes „The Old Quantum Theory"
aus der Reihe „Selected Readings in Physics"
(herausgegeben von D. ter Haar)

1969

Lizenznummer: 202 · 100/522/69
Herstellung: VEB Druckhaus „Maxim Gorki", 74 Altenburg
Bestellnummer: Akademie-Verlag 7056 · ES 18 B 1
Pergamon Press 08 006839 1
Vieweg & Sohn 6056
Printed in German Democratic Republic

Inhaltsverzeichnis

Vorwort

Obwohl bekannt ist, daß man zur exakten Behandlung von Atomeigenschaften die Wellenmechanik benötigt und die von BOHR, SOMMERFELD, KRAMERS und vielen anderen zwischen 1913 und 1926 entwickelte alte Quantentheorie keine geeignete Grundlage dafür ist, gibt es viele atomare Erscheinungen, die in der alten Quantentheorie wenigstens eine qualitative Erklärung finden. Ein Bericht über diese Theorie scheint daher von Interesse zu sein. Wir wollen in dem vorliegenden Band darstellen, wie sich die Quantentheorie von PLANCKS erster Veröffentlichung zur Strahlung schwarzer Körper über die Arbeiten von EINSTEIN und RUTHERFORD zu der ziemlich komplizierten Theorie entwickelte, die schließlich durch die SCHRÖDINGERsche Wellenmechanik und die HEISENBERGsche Matrizenmechanik ersetzt wurde.

Ich möchte Herrn Professor R. E. PEIERLS für nützliche Kritik, Frau D. GORDON vom Yale Physics Department für ihre Hilfe beim Aufsuchen der zugehörigen Literatur und meiner Frau für die Hilfe bei der Anfertigung des Manuskriptes meinen Dank aussprechen. Dieses Buch wurde während eines Aufenthaltes in Yale geschrieben, und ich möchte Herrn Professor E. W. LAMB jr. und den anderen Mitgliedern des Yale Physics Department für ihre Gastfreundschaft meine Dankbarkeit ausdrücken. Schließlich danke ich den Autoren und Herausgebern der im Teil 2 wiedergegebenen Abhandlungen für die Erlaubnis, diese Arbeit abdrucken zu dürfen.

D. TER HAAR

Einleitung

Das 19. Jahrhundert erlebte den Beginn eines stürmischen Wachstums der Physik. In der zweiten Hälfte des 20. Jahrhunderts scheint die Physik zu explodieren und in nur noch lose zusammenhängende Spezialgebiete aufzusplittern. Gegen Ende des 19. Jahrhunderts glaubte man, daß die Naturgesetze gut zu verstehen wären und daß nur Geduld und Ausdauer nötig seien, um alle physikalischen Erscheinungen zu erklären. Erste Anzeichen begannen jedoch darauf hinzudeuten, daß es Effekte geben könnte, die aus dem System der Physik des 19. Jahrhunderts herausfallen. Die atomistische Struktur der Materie war bekannt, aber es war noch nicht klar, in welchem Grade die klassischen NEWTONschen Gesetze ungeeignet waren, atomare Erscheinungen zu erklären. Der vorliegende Band beschäftigt sich damit, wie die klassischen Gesetze durch PLANCK, EINSTEIN, RUTHERFORD, BOHR und andere abgeändert wurden, um atomare Erscheinungen zu erklären. Wir werden uns hauptsächlich mit der Entwicklung der Quantentheorie von ihren ersten Anfängen in den letzten Jahren des 19. Jahrhunderts bis zum Beginn der zwanziger Jahre beschäftigen. Ein anderer Band (LUDWIG, 1967) beschreibt den Wandel von der alten Quantentheorie zur Wellenmechanik von SCHRÖDINGER und HEISENBERG, während ein weiterer Band (HINDMARSH, 1966) der Behandlung der Atomspektren gewidmet sein wird.

Obwohl die alte Quantentheorie, wie wir jetzt wissen, eine unvollkommene Theorie ist, da sie auf der klassischen Mechanik fußt, vermittelt sie ein anschauliches Bild. Sie vermag deshalb den Studenten einen groben Eindruck von den Prozessen zu vermitteln, die bei atomaren Erscheinungen wichtig sind. Ein tieferes Verständnis atomarer Prozesse ist nur durch ein Studium von Lehrbüchern der Quantenmechanik (z. B. LANDAU und LIFSCHITZ, 1967; DAWYDOW, 1967) zu erreichen. Als erste grobe Richtschnur hat die alte Quantentheorie jedoch noch immer ihren unbestrittenen Wert.

Die Darstellung der Geschichte der Quantentheorie von 1900 bis zur Entwicklung der Wellenmechanik im Rahmen eines Taschenbuches muß notwendigerweise vieles Interessante weglassen. Wir werden als erstes PLANCKS Entdeckung seiner Strahlungsformel besprechen. Dann wenden wir uns EINSTEINS Einführung der Quanten zu. Als nächstes kommen das RUTHERFORDsche Atommodell und die BOHRschen Postulate, die so ausgezeichnet durch den FRANCK-HERTZ-Versuch bestätigt wurden, an die Reihe. Wir schließen mit einem Bericht darüber, wie die BOHRsche Theorie die Hauptmerkmale der Atomspektren erklären konnte, sowie mit einer kurzen Zusammenfassung anderer wichtiger Entwicklungen in dem von uns erfaßten Zeitraum.

Man kann an vielen Stellen Berichte über die historische Entwicklung der alten Quantentheorie finden. Unter den halbpopulären Berichten möchten wir verweisen auf das Buch von ABRO (1951), das Buch von KRAMERS und HOLST (1923) und verschiedene Artikel in Science und anderen Zeitschriften (MEISSNER, 1951; EINSTEIN, 1951; SOMMERFELD und BOPP, 1951; MENDELSSOHN, 1959; BOHR, 1962; CONDON, 1962; PEIERLS, 1964). Berichte, die mehr wissenschaftliche Details enthalten, findet man in verschiedenen Büchern. Wir erwähnen nur einige: die Berichte der früheren Solvay-Kongresse (Solvay-Kongreß 1911, 1913, 1921), diejenigen des Wolfskehl-Treffens 1913 (PLANCK u. a., 1914), SOMMERFELDS berühmtes Lehrbuch (1923), PAULIS Artikel in der ersten Ausgabe des alten Handbuchs und in dem Buch von MÜLLER-POUILLET (PAULI, 1926, 1929), den Artikel von RUBINOWICZ (1933) im alten Handbuch, zwei Artikel von ROSENFELD (1936, 1963), WHITTAKERS umfassende Monographie (1954) und TOMONAGAS Lehrbuch (1962). Verschiedene Arbeiten von M. J. KLEIN (1959, 1962, 1963a, b, 1964, 1965) enthalten ebenfalls nützliche Beiträge zu speziellen Punkten. Wir haben weitgehend Gebrauch von den meisten dieser Bücher gemacht und verweisen auf sie bei vielen Einzelheiten, die wir übergangen haben, und zum Nachlesen über Dinge, die wir aus Platzmangel nicht berücksichtigen konnten.

TEIL I

KAPITEL I

Die Strahlungsformel für den schwarzen Körper

Bekanntlich hat PLANCK beim Studium der Strahlung eines schwarzen Körpers das Wirkungsquant eingeführt, das dann durch die Arbeit von EINSTEIN, BOHR, SCHRÖDINGER und HEISENBERG in die moderne Quantenmechanik übernommen wurde. Die Geschichte, wie PLANCK zu der Strahlungsformel, die seinen Namen trägt, gelangte, ist oft erzählt worden (ROSENFELD, 1936; EINSTEIN, 1951; WHITTAKER, 1959; KLEIN, 1962). Auch PLANCK selbst hat in seinem Nobel-Vortrag (1920) sowie in den persönlichen Erinnerungen, die er anläßlich seines 85. Geburtstages schrieb (PLANCK, 1943; s. a. PLANCK, 1949), ausführlich darüber berichtet, um die Überlegungen, die ihn zur Strahlungsformel geführt haben, für die Nachwelt festzuhalten. Dennoch ist es instruktiv, diese Reminiszenzen mit den vielen Arbeiten, die PLANCK zwischen 1896 und 1900 schrieb (alle Arbeiten von PLANCK wurden aus Anlaß seines 100. Geburtstages – PLANCK, 1958 – gesammelt und neu herausgegeben und sind so mehr oder weniger leicht zugänglich), zu vergleichen, da die Entwicklung der PLANCKschen Ideen nicht ganz so ereignislos verlief, wie er selbst sich daran erinnerte.[1])

---

[1]) Das ist auch durch VON LAUE im Vorwort zu PLANCKS gesammelten Schriften angedeutet worden. Besonders die Bedeutung des KIRCHHOFFschen Satzes, nach dem das Strahlungsspektrum unabhängig von der Natur des schwarzen Strahlers ist, ist von PLANCK in seinen frühen Schriften über diesen Gegenstand nicht erwähnt worden. Diesen Satz gibt PLANCK als Leitprinzip für seine Untersuchungen in seinem Nobel-Vortrag und in seiner Arbeit von 1943 an. Trotzdem ist es, abgesehen von seiner Arbeit von 1899 (PLANCK, 1899), die er später zusammen mit vier anderen Arbeiten zu einer Veröffentlichung in den Annalen der Physik (PLANCK, 1900a) zusammenfaßte, nicht mehr er-

In der letzten Hälfte und besonders im letzten Jahrzehnt des 19. Jahrhunderts wurden sehr viele experimentelle und theoretische Bemühungen darauf konzentriert aufzufinden, wie sich die von einem schwarzen Strahler emittierte Strahlungsenergie über die verschiedenen Wellenlängen oder Frequenzen verteilt. Die Namen KIRCHHOFF, WIEN, RAYLEIGH und JEANS sind ebenso wie der Name PLANCK eng mit diesen Entwicklungen verbunden. Ein Körper mit einer bestimmten Temperatur wird sowohl Strahlung emittieren als auch absorbieren. Absorbiert er die auftreffende Strahlung vollständig, dann nennt man ihn einen *schwarzen Strahler*. Daraus folgt (KIRCHHOFF, 1859), daß die von einem schwarzen Strahler emittierte Strahlung nur von seiner Temperatur, nicht aber von seiner Natur abhängt. Wenn wir eine Anzahl von Körpern im Gleichgewicht im Inneren eines Hohlraumes betrachten, dessen Wände auf einer konstanten Temperatur gehalten werden, würden wir einen Gleichgewichtszustand erhalten. Im Gleichgewicht würde das Verhältnis der von einem Körper absorbierten Strahlung einer bestimmten Wellenlänge zu der vom gleichen Körper emittierten Strahlung von der gleichen Wellenlänge gleich 1 sein, da andernfalls kein Gleichgewicht bestünde. Da die absorbierte Strahlung durch die Strahlungsdichte im Hohlraum und folglich durch dessen Temperatur bestimmt wird, finden wir, daß die von einem schwarzen Strahler emittierte Strahlung eine Funktion allein von T ist.

Wir definieren jetzt $u(\nu, T)\,\mathrm{d}\nu$ als Energiedichte aller Strahlungskomponenten mit Frequenzen zwischen ν und $\nu + \mathrm{d}\nu$. Es ist bemerkenswert, wieviel man über $u(\nu, T)$ aus allgemeinen Überlegungen ohne Bezug auf ein spezielles Modell herausfinden kann. Wir werden tatsächlich gleich zeigen, wie sich aus allgemeinen

---

wähnt. PLANCKs eigene Wiedergabe der Entwicklungsstadien ist von ROSENFELD (1936) wiederholt worden, der seinen Bericht eindeutig auf PLANCKS Nobel-Vortrag aufgebaut hat.

thermodynamischen Überlegungen für $u(\nu, T)$ zwangsläufig die Gestalt

$$u(\nu, T) = \nu^3 f(\nu/T) \tag{1.1}$$

ergibt.

Daraus folgt erstens: Für eine Spektralverteilung mit einem Maximum bei der Frequenz ν_m — wie experimentell gefunden wurde, lange bevor es theoretisch bewiesen war — verschiebt sich diese Frequenz mit der Temperatur so, daß

$$\nu_m/T = \text{const} \tag{1.2}$$

ist oder, wenn wir die Wellenlänge anstelle der Frequenz einführen,

$$\lambda_m T = \text{const}, \tag{1.3}$$

was dem WIENschen *Verschiebungsgesetz* (1893) entspricht.

Der Beweis ist einfach. Aus Gleichung (1.1) folgt, daß die Energiedichte $u(\lambda, T)\,d\lambda$ für Wellenlängen zwischen λ und $\lambda + d\lambda$ durch den Ausdruck

$$u(\lambda, T) = \frac{c^4}{\lambda^5} f\left(\frac{c}{\lambda T}\right) \tag{1.4}$$

gegeben ist, worin c die Lichtgeschwindigkeit ist $(c = \nu\lambda)$. Die Bedingung $du/d\lambda = 0$, aus welcher wir die Wellenlänge finden, bei der das Maximum vorliegt, ist dann die Lösung der Gleichung

$$-\frac{c^5}{\lambda T}\left[\frac{c}{\lambda T} f'\left(\frac{c}{\lambda T}\right) + 5 f\left(\frac{c}{\lambda T}\right)\right] = 0, \tag{1.5}$$

woraus Gleichung (1.3) folgt.

Zweitens finden wir aus Gleichung (1.1) das STEFAN-BOLTZMANNsche Gesetz (STEFAN, 1879; BOLTZMANN, 1884), welches besagt, daß die gesamte Energiedichte der Strahlung $u(T)$ der vierten Potenz der absoluten Temperatur proportional ist. Tatsächlich gilt

$$u(T) = \int_0^\infty u(\nu, T)\,\mathrm{d}\nu = \int_0^\infty \nu^3 f(\nu/T)\,\mathrm{d}\nu$$
$$= T^4 \int_0^\infty y^3 f(y)\,\mathrm{d}y, \qquad y = \nu/T. \tag{1.6}$$

Um Gleichung (1.1) zu beweisen, werden wir leicht abweichend von WIENS Verfahren (1893; s. z. B. PLANCK, 1921, oder BORN 1935) vorgehen, indem wir den Begriff Parameter- oder adiabatische Invarianz[1]) verwenden und einer andernorts (TER HAAR und WERGELAND, 1966, § V. 3.3) gegebenen Beschreibung folgen. Der Beweis besteht aus drei Teilen: Zuerst zeigen wir, daß bei einem reversiblen adiabatischen Prozeß das Verhältnis ν/T invariant ist; zweitens stellen wir fest, daß die Gesamtenergie des Strahlungsfeldes als Summe der Anteile von den verschiedenen Frequenzen geschrieben werden kann und daß jeder Anteil als Funktion von ν/T, multipliziert mit T oder ν, geschrieben werden kann; schließlich bestimmen wir die Zahl der Eigenfrequenzen zwischen ν und $\nu + \mathrm{d}\nu$ in einem Volumen V und erhalten so die Gesamtenergiedichte in diesem Spektralbereich; auf diese Weise finden wir (1.1).

Wir wollen das Strahlungsfeld in einem Würfel mit dem Volumen V, der Kantenlänge L und mit reflektierenden Wänden betrachten. Das Strahlungsfeld besteht dann im Gleichgewicht aus stehenden Wellen. Die Bedingung, daß das elektrische Feld an den Wänden Null wird — daß man die elektromagnetischen Wellen in den Würfel „einpaßt" —, führt zu folgender Beziehung für die Frequenz:

$$\left(\frac{\nu L}{c}\right)^2 = l^2 + m^2 + n^2, \tag{1.7}$$

worin l, m und n ganze Zahlen sind.

[1]) Zum Begriff der adiabatischen Invarianz siehe z. B. den Übersichtsartikel von EHRENFEST (1923).

Wir halten jetzt als erstes fest, daß bei einem adiabatischen Prozeß in V die Größen l, m und n invariant sind; denn sie sind ganzzahlig und damit ungeeignet, sich infinitesimal zu ändern. Bei einem adiabatischen Prozeß wird auch νL invariant sein, d. h., wenn man das Volumen V anstelle von L einführt:

$$\nu^3 V = \text{invariant bei adiabatischer Umwandlung.} \tag{1.8}$$

Man kann zeigen, daß dieses Ergebnis von der Gestalt des Volumens unabhängig ist.

Es wird bequemer sein, eine Beziehung zwischen ν und T zu haben als zwischen ν und V. Um diese Beziehung zu finden, müssen wir die Entropie des Strahlungsfeldes betrachten. Aus der Elektrodynamik (z. B. PLANCK, 1921, § 59) folgt, daß der Strahlungsdruck P ein Drittel der gesamten Strahlungsenergiedichte $u(T)$ ist:

$$P = {}^1/_3 u(T). \tag{1.9}$$

Aus Gleichung (1.9), der thermodynamischen Zustandsgleichung (TER HAAR und WERGELAND, 1966, § II. 7.1)

$$\left(\frac{\partial U}{\partial V}\right)_T = T\left(\frac{\partial P}{\partial T}\right)_V - P \tag{1.10}$$

und der Beziehung $U = uV$ erhält man

$$u = {}^1/_3 T \frac{\mathrm{d}u}{\mathrm{d}T} - {}^1/_3 u \tag{1.11}$$

oder

$$u = aT^4, \tag{1.12}$$

was mit Gleichung (1.6) übereinstimmt.

Die Gleichungen (1.9) und (1.12) und die MAXWELLsche Beziehung aus der Thermodynamik

$$\left(\frac{\partial S}{\partial V}\right)_T = \left(\frac{\partial P}{\partial T}\right)_V \tag{1.13}$$

ergeben

$$S = {}^4/_3 a T^3 V. \tag{1.14}$$

Durch Vergleich der Gleichungen (1.14) und (1.8) sehen wir, daß bei einem adiabatischen (oder isentropen) Prozeß das Verhältnis ν/T invariant sein muß, womit der erste Teil unseres Beweises abgeschlossen ist.

Da die Auflösung eines Spektrums in seine Komponenten — sagen wir mittels eines Gitters — ein reversibler Prozeß ist, kann man die Entropie s pro Volumeneinheit als die Summe der Beiträge $s_\nu(T)$ von den verschiedenen Frequenzen schreiben. Jeder Summand ist eine Funktion von ν, stellt die Entropiedichte zu einer bestimmten Frequenz ν dar und kann nur über das adiabatisch invariante ν/T von ν oder T abhängen; daher ist

$$s = \sum_\nu s(\nu/T). \tag{1.15}$$

Wir schreiben

$$u(T) = \sum_\nu u_\nu(T), \tag{1.16}$$

verwenden die Gleichungen (1.12) und (1.14), aus denen

$$s = \frac{4\,u}{3\,T} \tag{1.17}$$

folgt, und finden

$$u_\nu(T) = T f_1(\nu/T) = \nu f_2(\nu/T) \tag{1.18}$$

oder weiter

$$u(T) = \sum_\nu \nu f_2(\nu/T) = \int \nu Z(\nu)\, \mathrm{d}\nu f_2(\nu/T), \tag{1.19}$$

was der folgenden Gleichung für die am Anfang dieses Abschnittes definierte Funktion $u(\nu, T)$ entspricht[1]):

$$u(\nu, T) = \nu Z(\nu)\, f_2(\nu/T). \tag{1.20}$$

---

[1]) Während $u_\nu(T)$ die Energiedichte zu einer Frequenz aus einem diskreten Satz ist und die Dimension Energie pro Volumeneinheit hat, ist $u(\nu, T)$ die Energiedichte pro Frequenzeinheit mit der Dimension Energie pro Volumeneinheit und Frequenzeinheit.

In den Gleichungen (1.19) und (1.20) ist $Z(\nu)\,d\nu$ die Zahl der in der Strahlung vorhandenen Frequenzen zwischen ν und $\nu + d\nu$. Aus Gleichung (1.7) sehen wir, daß diese Zahl der Zahl der Punkte mit ganzzahligen Koordinaten in einer Kugelschale zwischen den Kugeln mit den Radien $\nu L/c$ und $(\nu + d\nu)\,L/c$ proportional ist, und wir erhalten

$$Z(\nu) = C\nu^2, \tag{1.21}$$

worin C eine von ν unabhängige Konstante ist ($= 8\,\pi/c^3$). Durch Kombination der Gleichungen (1.20) und (1.21) erhalten wir Gleichung (1.1), womit unser Beweis abgeschlossen ist.

Wir haben jetzt die Information, die man allein aus der Thermodynamik erhalten kann, ausgeschöpft. Die Gestalt der Funktion $f(\nu/T)$ in Gleichung (1.1) kann man auf diesem Wege nicht gewinnen. Wir werden jedoch PLANCKS (1900a) Überlegungen folgen und die thermodynamische Betrachtung etwas später fortführen. Wir können das KIRCHHOFFsche Gesetz verwenden, nach dem das Strahlungsfeld gleich bleibt, unabhängig davon, was für ein Körper sich mit ihm im Gleichgewicht befindet. Wir setzen daher voraus, daß der schwarze Strahler aus einem System von HERTZschen Dipolen besteht, d. h. strahlenden harmonischen Oszillatoren. Für ein solches System kann man das Strahlungsfeld explizit berechnen. Die von einem oszillierenden Dipol pro Zeiteinheit emittierte Strahlung ist durch den Ausdruck (z. B. BORN, 1935)

$$E_{\mathrm{em}} = \frac{8\pi^2 e^2 \nu^2}{3mc^3}\,\bar{\varepsilon} \tag{1.22}$$

gegeben, worin e, m und $\bar{\varepsilon}$ die oszillierende Ladung, deren Masse und der Mittelwert der Energie des harmonischen Oszillators sind. Ähnlich ist die pro Zeiteinheit vom Dipol absorbierte Energie

$$E_{\mathrm{abs}} = \frac{\pi e^2}{3m}\,u(\nu, T). \tag{1.23}$$

Im Gleichgewicht ist $E_{em} = E_{abs}$ oder

$$u(\nu, T) = \frac{8\pi\nu^2}{c^3}\,\bar{\varepsilon}. \tag{1.24}$$

Normalerweise würde man nun für $\bar{\varepsilon}$ die mittlere Energie eines harmonischen Oszillators bei der Temperatur T einsetzen. Hätte PLANCK das getan, hätte er den klassischen Wert kT (k = BOLTZMANN-Konstante; siehe z. B. TER HAAR, 1966, § 2.4) für die mittlere Energie eines eindimensionalen harmonischen Oszillators verwendet und damit die sogenannte RAYLEIGH-JEANSsche Strahlungsformel (RAYLEIGH, 1900; JEANS, 1905) erhalten, die tatsächlich auf diese Weise hergeleitet wurde. JEANS hat im wesentlichen einen Zahlenfaktor in RAYLEIGHS Ausdruck

$$u(\nu, T) = \frac{8\pi\nu^2}{c^3}\,kT \tag{1.25}$$

korrigiert, der — wie es der Fall sein muß — ein Beispiel für die Gleichung (1.1) darstellt.

Glücklicherweise hat PLANCK wahrscheinlich keine Kenntnis von der RAYLEIGHschen Arbeit gehabt; denn sonst hätte er sicherlich RAYLEIGHS Überlegungen zugestimmt, obwohl bekannt war, daß der Ausdruck (1.25) nicht mit den experimentellen Daten übereinstimmt.[1]) Tatsächlich wurden die experimentellen Daten bis 1900 besser durch die WIENsche Strahlungsformel (1896) wiedergegeben:

$$u(\nu, T) = b\nu^3 e^{-a\nu/T}. \tag{1.26}$$

Wie PLANCK selbst bei verschiedenen Gelegenheiten (1943, 1949) bemerkte, interessierten sich sehr wenig Physiker für die Entropie, eine Größe, die er selbst in seiner aktiven Laufbahn sehr häufig studiert hatte.

[1]) KLEIN (1962, 1963a) vermutet, daß PLANCK RAYLEIGHS Arbeit kannte, ihr aber keine Bedeutung beimaß.

Die meisten Leute versuchten, die Energiedichte des Strahlungsfeldes als Funktion von ν oder T zu finden, während PLANCK vermutete, daß der Schlüssel zu dem Problem in der Beziehung zwischen der Entropiedichte s_ν und der Oszillatorenergie $\bar{\varepsilon}$ zu finden sei.

Um diese Beziehung zu finden, ging PLANCK (1900b) folgendermaßen vor. Er betrachtete eine Menge von n identischen, unabhängigen Oszillatoren, die sich exakt gleich verhalten. Ihre Gesamtenergie ε_n ist dann gleich $n\varepsilon$, der Überschuß dieser Energie über dem Gleichgewichtswert ist $n\Delta\varepsilon = \Delta\varepsilon_n$, die Änderungsgeschwindigkeit ist $\mathrm{d}\varepsilon_n/\mathrm{d}t = n\,\mathrm{d}\varepsilon/\mathrm{d}t$, und für ihre Entropie gilt $S_n = nS$. Die Energieänderung dieser Menge von Oszillatoren wird von einem Anwachsen der Entropie begleitet sein. PLANCK zeigte, daß für einen einzelnen Oszillator die Geschwindigkeit der Entropieänderung der Gleichung

$$\frac{\mathrm{d}S}{\mathrm{d}t} = -\frac{\mathrm{d}\varepsilon}{\mathrm{d}t}\Delta\varepsilon f(\varepsilon), \qquad f(\varepsilon) = -\frac{3\,\mathrm{d}^2 S}{5\,\mathrm{d}\varepsilon^2} \tag{1.27}$$

genügt. Nehmen wir jetzt an, daß der gleiche Ausdruck für die Menge von n Oszillatoren gilt und daß die Geschwindigkeit der Entropieänderung von n Oszillatoren gleich der n-fachen Geschwindigkeit der Entropieänderung eines einzelnen Oszillators ist, so erhalten wir

$$\frac{\mathrm{d}\varepsilon_n}{\mathrm{d}t}\Delta\varepsilon_n f(\varepsilon_n) = n\frac{\mathrm{d}\varepsilon}{\mathrm{d}t}\Delta\varepsilon f(\varepsilon) \tag{1.28}$$

oder

$$f(n\varepsilon) = \frac{1}{n} f(\varepsilon). \tag{1.29}$$

Die Lösung dieser Funktionalgleichung ist $f(\varepsilon) = \mathrm{const}/\varepsilon$, und damit erhalten wir

$$\frac{\mathrm{d}^2 S}{\mathrm{d}\varepsilon^2} = -\frac{\alpha}{\varepsilon} \tag{1.30}$$

oder

$$\frac{\mathrm{d}S}{\mathrm{d}\varepsilon} = -\alpha \ln \gamma\varepsilon. \tag{1.31}$$

Mit Hilfe der thermodynamischen Beziehung

$$\frac{\mathrm{d}S}{\mathrm{d}\bar{\varepsilon}} = \frac{1}{T} \tag{1.32}$$

erhält man weiter

$$\bar{\varepsilon} = \frac{1}{\gamma}\,\mathrm{e}^{-1/\alpha T}. \tag{1.33}$$

Aus der Gleichung (1.24) und der Kenntnis, daß $u(\nu, T)$ die Gleichung (1.1) erfüllen muß, erhalten wir nun die WIENsche Strahlungsformel (1.26).

Tatsächlich hatte PLANCK die WIENsche Strahlungsformel in einer früheren Arbeit (1900 a) abgeleitet. Er hatte jedoch erst in einer späteren Veröffentlichung (PLANCK, 1900 b) seinen Beweis begründet, als sich Fakten gegen die WIENsche Strahlungsformel anzuhäufen begannen. Der experimentelle Nachweis, daß die WIENsche Formel bei längeren Wellenlängen nicht mit den Experimenten übereinstimmt, wurde aber zu überwältigend, und PLANCK war gezwungen, seine Begründung zu modifizieren. Er stellte sich vor, daß es möglich wäre (jedoch wie er selbst einschätzte, „nicht leicht verständlich und auf jeden Fall schwer zu beweisen“), daß die linke Seite der Gleichung (1.28) mit den angegebenen Argumenten nicht erhalten werden könnte, sondern in einer komplizierten Weise von $\bar{\varepsilon}$ abhinge. Anstelle von Gleichung (1.30) benutzte PLANCK andere Ausdrücke für $\mathrm{d}^2S/\mathrm{d}\bar{\varepsilon}^2$ und fand, daß die relativ geringe Abänderung zu

$$\frac{\mathrm{d}^2S}{\mathrm{d}\bar{\varepsilon}^2} = -\frac{\alpha'}{\bar{\varepsilon}(\beta + \bar{\varepsilon})} \tag{1.34}$$

zusammen mit den Gleichungen (1.32) und (1.24)

$$u(\nu, T) = \frac{b\nu^3}{\mathrm{e}^{a\nu/T} - 1} \tag{1.35}$$

ergibt. Dieser Ausdruck trägt PLANCKS Namen; er war und ist in ausgezeichneter Übereinstimmung mit experimentellen Daten. In Gleichung (1.35) bestehen zwischen a und b sowie α' und β die Beziehungen

$$a\nu = \frac{\beta}{\alpha'}, \qquad b\nu = \frac{8\pi}{c^3}\beta. \qquad (1.36)$$

Als PLANCK sah, daß diese Strahlungsformel die experimentellen Ergebnisse gut wiedergab, versuchte er der Formel — die vollständig durch einen ad-hoc-Beweis abgeleitet worden war — einen physikalischen Inhalt zu geben. Er hatte sich bis dahin „nicht mit dem Zusammenhang von Entropie und Wahrscheinlichkeit abgequält". Aber nach ein paar Wochen der angestrengtesten Arbeit seines Lebens legte er am 14. Dezember 1900 (PLANCK, 1900d, wiedergegeben in diesem Band, S. 107), weniger als zwei Monate nach der Veröffentlichung der PLANCKschen Strahlungsformel (PLANCK, 1900c, nachgedruckt in diesem Band, S. 103), eine auf der BOLTZMANNschen Beziehung zwischen Entropie und Wahrscheinlichkeit

$$S = k \ln W \qquad (1.37)$$

basierende Ableitung der Gleichung (1.35) vor; in Gleichung (1.37) sind k eine Konstante und W die Wahrscheinlichkeit, daß ein bestimmter Zustand realisiert ist. Wir möchten hier erwähnen, daß k in der BOLTZMANNschen Arbeit als Verhältnis der allgemeinen Gaskonstante R und der AVOGADROschen Zahl N_{Av} erschien. PLANCK führte als erster k ein, so daß der Name BOLTZMANN-Konstante eine (verständliche) Fehlbezeichnung ist. Es war auch PLANCK, der ihren Zahlenwert zuerst angab. MEISSNER (1951) schlägt die Bezeichnung PLANCK-BOLTZMANN-Konstante für k vor, während LORENTZ oft einfach PLANCKsche Konstante dafür verwendet. PLANCK selbst nannte $(3/2)k$ (die mittlere kinetische Energie bei der absoluten Temperatur 1 °K) die BOLTZMANN-DRUDEsche-Konstante.

Zur Bestimmung von W ging PLANCK folgendermaßen vor. ε_N sei wieder die Energie von N Oszillatoren einer gegebenen Frequenz, und $\bar{\varepsilon}$ sei deren mittlere Energie. Wir haben dann

$$\varepsilon_N = N\bar{\varepsilon}, \tag{1.38}$$

während für die Entropie

$$S_N = NS \tag{1.39}$$

gilt, wenn wir die Oszillatoren unabhängig voneinander annehmen. Um W zu erhalten, *muß* (wie PLANCK bemerkte) ε_N als eine Größe angesehen werden, die nur in eine endliche ganze Zahl P von gleichen Teilen $\varDelta$ unterteilt werden kann, und nicht als Größe, die kontinuierlich in infinitesimale Teile aufteilbar ist. Wir erhalten somit

$$\varepsilon_N = P\varDelta, \tag{1.40}$$

worin P eine (große) ganze Zahl ist. Die Anzahl der Möglichkeiten W, die P gleichen Teile über die N Oszillatoren zu verteilen, wird durch die Gleichung

$$W = \frac{(N + P - 1)!}{(N - 1)!\,P!} \tag{1.41}$$

gegeben. Das ergibt sich, weil W die Anzahl der Möglichkeiten ist, $N - 1$ Striche und P Punkte nebeneinander anzuordnen (s. Abb. I. 1).

$$(\ldots|\ldots|.||\ldots|\ldots|\ldots\ldots|\ldots)$$

Abb. I.1. Die $N-1$ Striche trennen die N Resonatoren voneinander, die Punkte stellen die P Größen $\varDelta$ dar

Da N und P große Zahlen sind, können wir die 1 im Zähler und im Nenner von (1.41) vernachlässigen und für die Fakultät die STIRLINGsche Formel verwenden:

$$x! \approx \frac{x^x}{e^x}, \tag{1.42}$$

so daß wir aus den Gleichungen (1.37), (1.41) und (1.42)

$$S_N = k\{(N + P)\ln(N + P) - N\ln N - P\ln P\} \tag{1.43}$$

erhalten oder aus den Gleichungen (1.40), (1.38) und (1.39)

$$S = k\left\{\left(1 + \frac{\bar{\varepsilon}}{\Delta}\right)\ln\left(1 + \frac{\bar{\varepsilon}}{\Delta}\right) - \frac{\bar{\varepsilon}}{\Delta}\ln\frac{\bar{\varepsilon}}{\Delta}\right\}. \tag{1.44}$$

Aus Gleichung (1.44) finden wir

$$\frac{d^2 S}{d\bar{\varepsilon}^2} = \frac{-k}{\bar{\varepsilon}(\Delta + \bar{\varepsilon})}, \tag{1.45}$$

was tatsächlich dasselbe ist wie Gleichung (1.34) mit

$$k = \alpha', \qquad \Delta = \beta. \tag{1.46}$$

Aus Gleichung (1.18) folgt, daß T/ν eine Funktion von ε/ν ist. Demzufolge ist nach Gleichung (1.32) S eine Funktion von ε/ν. Der Vergleich mit Gleichung (1.44) lehrt, daß Δ zu ν proportional sein muß:

$$\Delta = h\nu. \tag{1.47}$$

Wir können dann die Gleichungen (1.35), (1.36), (1.46) und (1.47) verwenden und finden für die Strahlungsenergiedichte

$$u(\nu, T) = \frac{8\pi h\nu^3}{c^3}\frac{1}{e^{h\nu/kT} - 1}. \tag{1.48}$$

Wie PLANCK selbst unterstreicht, muß h endlich sein, um Übereinstimmung zwischen (1.48) und den experimentellen Ergebnissen zu erzielen, obwohl klassische

Argumente den Grenzwert $h \to 0$ fordern, für den sich Gleichung (1.25) ergibt. PLANCK schrieb 1943: „Nun aber erhob sich das theoretisch allerschwierigste Problem, dieser sonderbaren Konstanten einen physikalischen Sinn beizulegen. Denn ihre Einführung bedeutete einen Bruch mit der klassischen Theorie, der viel radikaler war, als ich anfangs vermutet hatte ... Durch mehrere Jahre hindurch machte ich immer wieder Versuche, das Wirkungsquant irgendwie in das System der klassischen Physik einzubauen."

Erst durch EINSTEINS Einführung der Lichtquanten wurden die physikalische Bedeutung von h und die Grundlage der PLANCKschen Theorie klarer (s. nächstes Kapitel).

Aus den experimentellen Werten für $u(\nu, T)$ konnte PLANCK die Zahlenwerte von h und k bestimmen, für die er (PLANCK, 1901)

$$h = 6{,}55 \cdot 10^{-27}\,\mathrm{erg\,s}, \qquad k = 1{,}346 \cdot 10^{-16}\,\mathrm{erg/^\circ K} \qquad (1.49)$$

fand, was dem heutigen Wert bemerkenswert nahe kommt (COHEN und DU MOND, 1963):

$$h = 6{,}626 \cdot 10^{-27}\,\mathrm{erg\,s}, \; k = 1{,}3805 \cdot 10^{-16}\,\mathrm{erg/^\circ K}. \qquad (1.50)$$

KAPITEL II

Lichtquanten

PLANCKS Arbeiten scheinen von seinen Zeitgenossen kaum bemerkt worden zu sein, und die Folgerungen aus seinem Vorgehen wurden sicherlich nicht verstanden. EINSTEIN veröffentlichte 1905 in einem Band der Annalen der Physik drei epochemachende Arbeiten (EINSTEIN, 1905a, b, c; die erste davon ist in diesem Band, S. 118, nachgedruckt). Eine Arbeit handelte über die BROWNsche Bewegung, eine andere über die spezielle Relativitätstheorie. Die erste der drei Arbeiten — für die EINSTEIN seinen Nobelpreis erhielt, der nicht für seine Arbeit über die Relativitätstheorie verliehen wurde — war seine Einführung der Lichtquanten. EINSTEIN zitiert zwar die PLANCKsche Strahlungsformel, aber nur weil bekannt war, daß sie die experimentellen Werte besser als andere Formeln darstellt. EINSTEIN fühlte dann, wie er in einer späteren Arbeit berichtete (EINSTEIN, 1906), daß sich seine und PLANCKS Überlegungen in einem gewissen Umfang gegenseitig ausschlossen. In einer späteren Veröffentlichung zeigte er, daß die in seiner Arbeit von 1905 entwickelte Vorstellung der Lichtquanten tatsächlich bereits von PLANCK verwendet worden war.

Obwohl man oft die Feststellung liest, daß EINSTEIN sich in seiner Arbeit von 1905 mit einer Erklärung des photoelektrischen Effektes befaßt hätte, zeigt das Studium dieser Arbeit, daß dies nicht der Fall ist. In Wirklichkeit waren die Messungen dieses Effektes zu dieser Zeit nicht genau genug, um ohne Bedenken auf eine Verletzung des klassischen Verhaltens hinzuweisen. In seiner Arbeit berichtet EINSTEIN, wie er zu der Idee kam, ein Lichtstrahl sei bei seiner Fortpflanzung durch den Raum nicht kontinuierlich über den Raum ausgebreitet, sondern bestehe aus einer endlichen Zahl von Lichtquanten oder Energiequanten, wie EINSTEIN sie nannte. Aus seinem Bericht wird klar, daß es ihm nicht so sehr um den photoelektrischen Effekt ging als vielmehr um die Unmöglichkeit, die schwarze Strahlung in die klassische MAXWELLsche Theorie einzubauen. Er zieht die Experimente über Fluoreszenz, Photoelektrizität und Photoionisation nur zur Unterstützung seiner These heran.

Es ist interessant, EINSTEINS Überlegung zu verfolgen und sie mit einigen Schritten in PLANCKS Ableitung der Strahlungsformel zu vergleichen. Als erstes weist EINSTEIN darauf hin, daß die klassische Theorie zum RAYLEIGHschen Gesetz (1.25) für die Strahlungsdichte führen muß — im Gegensatz zu den experimentellen Befunden. Diese Strahlungsdichte ergibt eine unendliche Energiedichte im Raum, wenn sie für alle Werte von ν gültig wäre, was man heutzutage die Ultraviolettkatastrophe nennt. Er zitiert die PLANCKsche Strahlungsformel in der Form (1.35) statt (1.48) und bemerkt, daß sie für große Werte von T/ν zu der klassischen Formel (1.25) führt. Daraus schließt er, daß für große Wellenlängen und hohe Temperaturen[1]) die klassische Begründung gelten muß. Für kleine Werte von T/ν versagt die klassische Theorie.

Für niedrige Temperaturen und kurze Wellenlängen geht die PLANCKsche Formel in die WIENsche Strahlungsformel (1.26) über. In dem Bereich, in dem die WIENsche Formel gültig ist, erhalten wir durch Integration von Gleichung (1.31) und unter Verwendung der Gleichungen (1.26), (1.24) und (1.33) für die Entropiedichte σ die Gleichung

$$\sigma = -\frac{u(\nu, T)}{a\nu}\left[\ln\frac{u(\nu, T)}{b\nu^3} - 1\right]. \tag{2.1}$$

---

[1]) EINSTEIN verwendet den Ausdruck „Strahlungsdichte" oft, wenn er „Temperatur" meint, ohne deren Zusammenhang klar festzulegen.

Wenn E die Gesamtenergie im Volumen V und im Frequenzintervall ν, $\nu + \mathrm{d}\nu$ sowie S die zugehörige Entropie sind,

$$E = Vu(\nu, T)\,\mathrm{d}\nu, \qquad S = \sigma V\,\mathrm{d}\nu, \tag{2.2}$$

erhalten wir aus den Gleichungen (2.1) und (2.2)

$$S = -\frac{E}{a\nu}\left[\ln\frac{E}{Vb\nu^3\,\mathrm{d}\nu} - 1\right]. \tag{2.3}$$

Wir vergleichen die Entropie S mit der Entropie S_0 für die gleiche Menge an Strahlungsenergie E im gleichen Frequenzbereich, jedoch im Volumen V_0, und finden

$$S - S_0 = \frac{E}{a\nu}\ln\frac{V}{V_0}. \tag{2.4}$$

Diesen Ausdruck verglich EINSTEIN mit der Formel für die Entropieänderung eines idealen Gases von n Teilchen (z. B. TER HAAR und WERGELAND, 1966, § 2.5)

$$S - S_0 = nk\ln\frac{V}{V_0} \tag{2.5}$$

und schloß daraus, daß im Gültigkeitsbereich der WIENschen Strahlungsformel — thermodynamisch gesprochen — monochromatische Strahlung aus unabhängigen Energiequanten der Größe $ka\nu$ besteht; unter Verwendung der Beziehung $a = h/k$ ist die Größe eines Quants $h\nu$.

Nachdem er so die Vorstellung von Lichtquanten durch Überlegungen über die Strahlung des schwarzen Strahlers unter den Bedingungen, unter denen die WIENsche Strahlungsformel gilt, plausibel gemacht hatte, erklärte EINSTEIN, daß man auf Grund dessen erwarten könnte, daß das bei Fluoreszenz emittierte Licht eine niedrigere Frequenz als das einfallende Licht (STOKESsche

Regel) hat. Ferner sollte beim photoelektrischen Effekt die Energie E der durch einen einfallenden Lichtstrahl aus einem Metall herausgeschlagenen Elektronen unabhängig von der Lichtintensität sein, aber von der Frequenz ν des Lichtes *linear* wie folgt abhängen[1]):

$$E = h\nu - \Phi, \tag{2.6}$$

worin Φ die zum Ausschlagen eines Elektrons aus dem Metall notwendige Energie (Austrittsarbeit) ist. Schließlich muß auch die Lichtfrequenz für die Photoionisation größer als ein bestimmter Schwellenwert sein.

In seiner Arbeit von 1906 erklärt EINSTEIN, daß es ihm nun gelungen sei, die Lichtquanten auf eine wesentliche Art in PLANCKS Ableitung der Formel für die Hohlraumstrahlung einzuführen. Er legt dann die in PLANCKS Beweisen enthaltenen wesentlichen Annahmen dar: 1. Die Energie eines Resonators muß ein ganzzahliges Vielfaches von $h\nu$ sein; 2. die Energie eines Resonators ändert sich diskontinuierlich bei Absorption oder Emission um einen Wert, der ein ganzzahliges Vielfaches von $h\nu$ ist; 3. bei Anwendung von Gleichung (1.22) verwendet man die MAXWELLsche Theorie. Obwohl diese nicht auf die Resonatoren anwendbar ist, kann man die mittlere Energie eines Resonators gleich der aus der MAXWELLschen Theorie berechneten Energie setzen. Hier bleibt noch ein Punkt offen, der geklärt werden muß. Verfolgt man EINSTEINS Begründung rückwärts, dann gelangt man nicht zur PLANCKschen Strahlungsformel, sondern zur WIENschen Formel. Wir müssen daher ein anderes Glied in der Kette finden, das von der Quantenhypothese zur Formel für die Hohlraumstrahlung führt. PLANCKS Ableitung des Ausdruckes (1.41) für W bedeutet, daß jeder Zustand, mit n_1 Quanten $h\nu_1$, n_2 Quanten $h\nu_2$ usw., das gleiche statistische Gewicht

---

[1]) Es ist interessant zu vermerken, daß Gleichung (2.6) einen Spezialfall der BOHRschen Beziehung (4.8) darstellt, nämlich für den Fall stetig veränderlicher Energien.

hat. Nach klassischen Argumenten wären die Gewichte nicht gleich, sondern umgekehrt proportional zu $n_1!\, n_2! \ldots$ (vgl. die Darstellung in TER HAAR, 1966, Kapitel IV). Dieser Gegenstand wurde von EINSTEIN in seiner Arbeit über die Theorie der spezifischen Wärmen (EINSTEIN, 1907) behandelt. Heutzutage würden wir sagen, daß dies Ausdruck für die Tatsache ist, daß die Lichtquanten oder Photonen Bosonen sind. In diesem Zusammenhang ist es interessant, zu den Gleichungen (1.34) oder (1.45) (s. EINSTEIN, 1909) zurückzukehren.

Wir wollen jetzt Gleichung (1.37) umkehren, um einen Ausdruck für die Wahrscheinlichkeit P, mit der ein Zustand mit der Entropie S angetroffen wird, zu erhalten:

$$P = C\,\mathrm{e}^{S/k}, \tag{2.7}$$

worin C ein Normierungsfaktor ist.

S und damit P seien jetzt Funktionen der Energie E, und E möge um einen Gleichgewichtswert E_0 schwanken, z. B. weil E die Energie eines kleinen Teils eines größeren Systems mit konstanter Gesamtenergie ist. Wir können nun Gleichung (2.7) anwenden, um die Streuung von E zu berechnen. Der Gleichgewichtswert E_0 folgt eindeutig aus der Bedingung, daß P ein Extremum ist, und wir finden durch Entwicklung von $S(E)$ bei E_0

$$S(E) = S(E_0) + \frac{1}{2}\left(\frac{\partial^2 S}{\partial E^2}\right)_0 (E - E_0)^2 + \ldots, \tag{2.8}$$

da ja $(\partial S/\partial E)_0$ verschwindet. $(\partial^2 S/\partial E^2)_0$ ist negativ, weil $S(E_0)$ ein Maximum ist.

Aus den Gleichungen (2.7) und (2.8) erhalten wir nun für die Energieschwankung $\overline{\Delta E^2}$

$$\overline{\Delta E^2} = \overline{(E - E_0)^2} = \frac{\int (E - E_0)^2\, P(E)\,\mathrm{d}E}{\int P(E)\,\mathrm{d}E} = -k\left[\frac{\partial^2 S}{\partial E^2}\right]^{-1}, \tag{2.9}$$

was die physikalische Bedeutung der linken Seite von Gleichung (1.34) zeigt.

Wir wollen jetzt diese Formel auf das Strahlungsfeld anwenden. Unter Verwendung der Gleichungen (1.45) und (1.47) bekommen wir

$$\overline{\Delta\bar{\varepsilon}^2} = \bar{\varepsilon}^2 + h\nu\bar{\varepsilon}\,. \tag{2.10}$$

Wenn wir in Übereinstimmung mit EINSTEINS Lichtquantenhypothese $\bar{\varepsilon} = nh\nu$ setzen, wird aus dieser Gleichung

$$\overline{\Delta n^2} = \overline{(n - n_0)^2} = n_0^2 + n_0\,. \tag{2.11}$$

Das ist tatsächlich die Formel für die Schwankungen der Bosonenzahl (siehe z. B. TER HAAR, 1966, Kapitel VI). Wenn wir den ersten Term auf der rechten Seite von Gleichung (2.11) vernachlässigen, erhalten wir für $\overline{\Delta n^2}$ genau den Ausdruck für die statistischen Schwankungen der Zahl von unabhängigen Teilchen in einem bestimmten Volumen. Das ist ein Ausdruck für die Teilchenstruktur des Lichtes. Die Tatsache, daß es einen zweiten Term gibt, bedeutet, daß die Quanten nicht unabhängig sind. Ihre Unabhängigkeit ist lediglich statistisch. Das drücken wir aus, indem wir sagen, daß Photonen Bosonen sind.

Eine andere Betrachtungsweise des ersten Terms auf der rechten Seite von Gleichung (2.10) ist die, daß man sagt, sie drückt die Wellennatur des Lichtes aus. Um das einzusehen, erinnern wir uns daran, daß in der klassischen elektromagnetischen Theorie die Schwankungen von der Interferenz der Lichtstrahlen mit genähert gleichen Wellenzahlenvektoren stammen. Ohne diesen Term auf der Grundlage der klassischen elektromagnetischen Theorie wirklich zu berechnen, können wir eine Dimensionsanalyse anstellen, um seine Gestalt zu ermitteln, abgesehen von einem möglichen dimensionslosen Faktor der Größenordnung 1 (EINSTEIN, 1909).

Da die Komponenten zu verschiedenen Frequenzen unabhängig voneinander sind, wird die gesamte Streuung der Energie E für Strahlung mit Frequenzen zwischen ν und $\nu + \mathrm{d}\nu$ in einem Volumen V durch die Gleichung

$$\overline{\Delta E^2} = \int_{\nu}^{\nu+\mathrm{d}\nu} \overline{\Delta \varepsilon^2}\, Z(\nu)\, V \mathrm{d}\nu = \overline{\Delta \varepsilon^2}\, Z(\nu)\, V\, \mathrm{d}\nu \quad (2.12)$$

gegeben, wobei $Z(\nu)$ durch Gleichung (1.21) bestimmt ist. Ferner erwarten wir, daß $\overline{\Delta E^2}$ nur von der Wellenlänge $\lambda(= c/\nu)$, von $\mathrm{d}\lambda(= c\,\mathrm{d}\nu/\nu^2)$, von der Energiedichte der Strahlung $u(\lambda, T)$ $(= u(\nu, T)(\mathrm{d}\nu/\mathrm{d}\lambda)$ und von V abhängen wird. Außerdem wird wegen der Unabhängigkeit der verschiedenen Komponenten des Strahlungsfeldes $\overline{\Delta E^2}$ proportional zu V und zu $\mathrm{d}\lambda$ sein. Aus Dimensionsgründen folgt dann

$$\overline{\Delta E^2} = C[u(\lambda, T)]^2\, \lambda^4\, V \mathrm{d}\lambda, \quad (2.13)$$

worin C ein Zahlenfaktor ist; die genaue Berechnung ergibt $C = 1/8\pi$. Unter Verwendung der Gleichungen (2.12) und (1.24) sehen wir, daß Gleichung (2.13) tatsächlich den ersten Term auf der rechten Seite von Gleichung (2.10) ergibt.[1])

Photonen besitzen sowohl einen Impuls als auch eine Energie. Wenn die Zahl der Photonen mit der Frequenz ν in der Volumeneinheit gleich n_ν ist, ist die Energiedichte $n_\nu h\nu$ und die Energiestromdichte $c n_\nu h\nu$. Aus der Relativitätstheorie und der Äquivalenz von Masse und Energie folgt, wie PLANCK (1908) gezeigt hat, daß die Impulsdichte des Strahlungsfeldes gleich dem Energiestrom, dividiert durch c^2, ist. Das ergibt die Impulsdichte $n_\nu h\nu/c$. Der Impuls eines Photons ist demnach gleich seiner Energie, dividiert durch c (vgl. auch EINSTEIN, 1917, und Kapitel VI).

---

[1]) Eine einfachere Ableitung der Gleichung (2.10) oder der vollständigen Gleichung für $\overline{\Delta E^2}$ ist durch eine unmittelbare statistische Überlegung möglich (z. B. TER HAAR, 1966, § 8.2).

Dieses Ergebnis wurde von EINSTEIN (1909) bei einer Betrachtung der BROWNschen Bewegung eines reflektierenden Spiegels in einem Gas, in dem schwarze Strahlung vorhanden ist, gewonnen. Die Stöße der Gasmoleküle werden den Spiegel in Bewegung setzen. Seine Bewegung wird Reibungskräften unterworfen sein. Diese werden teilweise durch das Gas hervorgerufen und teilweise durch den Umstand, daß der Strahlungsdruck auf den beiden Seiten eines bewegten Spiegels verschieden ist. Wenn es keine Schwankungen im Strahlungsdruck gäbe, würde letztlich die Energie des Gases in Strahlungsenergie umgewandelt, d. h., es gäbe keinen Gleichgewichtszustand. Es gibt aber ein Gleichgewicht, weil der Strahlungsdruck schwankt, so daß die Kraft auf den Spiegel gerade ausreicht, um die kinetische Energie des Spiegels auf $^1/_2 kT$ zu beschränken, wie es die allgemeine Theorie der BROWNschen Bewegung fordert. Man kann die elektromagnetische Theorie verwenden, um die Schwankungen des Strahlungsdrucks zu berechnen, und das Ergebnis ist (EINSTEIN und HOPF, 1910): Die Schwankungen in der Impulsdichte sind genau das $1/c$-fache der Schwankungen in der Energiedichte, die aus Gleichung (2.10) folgen. Daraus folgt für den Impuls eines Photons der Wert $h\nu/c$.

In Kapitel VI werden wir EINSTEINS Beitrag zur Theorie der Emission und Absorption von Licht durch Atome besprechen. Das vorliegende Kapitel werden wir mit einer Erörterung der EINSTEINschen Theorie der spezifischen Wärmen (1907) beschließen. Bald nach seinen Arbeiten von 1905 und 1906 zur Lichtquantenhypothese kam EINSTEIN zu dem Schluß, daß bei einer gesicherten Grundlage der Theorie die Gleichung für die mittlere Energie $\bar{\varepsilon}$ eines harmonischen Oszillators

$$\bar{\varepsilon} = \frac{h\nu}{e^{h\nu/kT} - 1} \tag{2.14}$$

[vgl. Gleichung (1.48)] unabhängig davon gelten muß, ob es sich um einen PLANCKschen Resonator oder einen

Oszillator in irgendeinem anderen physikalischen System handelt. Wenn das der Fall ist, müssen wir Konsequenzen von diesem Ausdruck für das thermische Verhalten von Festkörpern erwarten. Ein Kristall aus N Atomen hat $3N$ Freiheitsgrade. Falls wir annehmen, daß alle Atome mit der Frequenz ν frei schwingen, ist die Gesamtenergie E des Kristalls bei der Temperatur T durch $3N\bar{\varepsilon}$ oder

$$E = \frac{3Nh\nu}{e^{h\nu/kT} - 1} \tag{2.15}$$

gegeben, und seine spezifische Wärme ist

$$C_V = \frac{dE}{dT} = 3Nk\left(\frac{h\nu}{kT}\right)^2 [e^{h\nu/kT} - 1]^{-2} e^{h\nu/kT}. \tag{2.16}$$

Als erstes stellen wir fest, daß für $h\nu \ll kT$ $C_V = 3Nk$ ist, was der klassischen DULONG-PETITschen Regel entspricht. Bei niedrigen Temperaturen jedoch, für $h\nu > kT$, bleibt die spezifische Wärme unter ihrem klassischen Wert und verhält sich genähert wie $3Nk(h\nu/kT)^2 e^{-h\nu/kT}$. EINSTEIN verglich den Ausdruck (2.16) mit den Meßwerten für Diamant und fand eine gute Übereinstimmung, obwohl es nach der in seiner Arbeit (EINSTEIN, 1907, S. 186) wiedergegebenen Abbildung so aussieht, als ob der theoretische Wert von C_V für $h\nu/kT \lessapprox 0{,}2$ zu klein wird. EINSTEIN betont, daß seine Theorie nur dann korrekt gilt, wenn das Absorptionsspektrum des Festkörpers aus einer einzigen Linie besteht. Aus der Übereinstimmung von theoretischen und experimentellen Werten für Diamant schließt er, daß Diamant ein Absorptionsmaximum bei einer Wellenlänge von 11 µm haben müßte. Der Wert für ν folgt aus der Anpassung der theoretischen Kurve, die nur von $h\nu/kT$ abhängt, an die experimentelle Kurve.

Sobald man die grundlegende Annahme der EINSTEINschen Berechnung der spezifischen Wärme von Festkörpern akzeptiert, kann man sie leicht ausdehnen und einen Festkörper behandeln, der nicht nur eine einzige Eigenfrequenz, sondern ein ganzes Spektrum von Eigenfrequenzen hat. $g(\nu)\,\mathrm{d}\nu$ sei die Zahl der Eigenfrequenzen im Bereich ν, $\nu + \mathrm{d}\nu$. Da die Gesamtzahl der Freiheitsgrade im Festkörper immer noch $3N$ ist, muß

$$\int_0^\infty g(\nu)\,\mathrm{d}\nu = 3N \tag{2.17}$$

sein. Man kann genaue Berechnungen von $g(\nu)$ vornehmen, indem man geeignete Annahmen über die Kristallstruktur und die Kräfte zwischen den Atomen oder Ionen im Kristall macht. Die erste derartige Berechnung wurde von BORN und VON KÁRMÁN vorgenommen (1912, 1913; eine allgemeine Übersicht über diese Fragen findet man bei BLACKMAN, 1955 oder bei HAUG, 1964). Wir werden uns jedoch auf das DEBYEsche Modell eines Festkörpers beschränken (DEBYE, 1912). DEBYE betrachtet den Festkörper als elastisches Kontinuum, in dem longitudinale und transversale Schallgeschwindigkeit als gleich angenommen werden. In diesem Fall sind die Eigenschwingungen elastische Wellen, und wir erhalten durch das gleiche Argument, das zu Gleichung (1.21) führte,

$$g(\nu) = \frac{12\pi V \nu^2}{s^3}, \tag{2.18}$$

wobei s die Geschwindigkeit der elastischen Wellen (Schallwellen) im Festkörper ist, die wir für transversale und longitudinale Wellen als gleich angenommen hatten. Der Faktor 12 entsteht statt 8, weil Schallwellen drei Polarisationsfreiheitsgrade haben und nicht zwei Polarisationsfreiheitsgrade wie Lichtwellen.

Gleichung (2.18) gilt nur so lange, wie ν kleiner als eine maximale Frequenz ν_{m} ist, die durch Gleichung (2.17) bestimmt ist:

$$\int_0^{\nu_m} g(\nu)\,\mathrm{d}\nu = 3N, \qquad (2.19$$

oder

$$\nu_m = s\left(\frac{3N}{4\pi V}\right)^{1/3}. \qquad (2.20)$$

Die Energie und die spezifische Wärme des Festkörpers sind nun durch die Gleichungen

$$E = \int_0^{\nu_m} \frac{h\nu g(\nu)\,d\nu}{e^{h\nu/kT} - 1} = 9Nh\nu_m\left(\frac{T}{\Theta}\right)^4 \int_0^{x_m} \frac{x^3 dx}{e^x - 1}, \qquad (2.21)$$

$$C_V = k\int_0^{\nu_m} \left(\frac{h\nu}{kT}\right)^2 e^{h\nu/kT}[e^{h\nu/kT} - 1]^{-2} g(\nu)\,d\nu$$

$$= 9Nk\left(\frac{T}{\Theta}\right)^3 \int_0^{x} \frac{x^4\,dx}{(e^x - 1)(1 - e^{-x})} \qquad (2.22)$$

mit

$$x = \frac{h\nu}{kT}, \qquad x_m = \frac{\Theta}{T}, \qquad \Theta = \frac{h\nu_m}{k} \qquad (2.23)$$

gegeben.

C_V ist eine Funktion von T/Θ wie auch $E/h\nu_m$. Wie auch immer die Form von $g(\nu)$ sein mag, bei genügend hohen Temperaturen haben wir $E \to 3NkT$ und $C_V \to 3Nk$, und wir gelangen wieder zur Dulong-Petitschen Regel. Andererseits ergibt das Debye-Modell bei niedrigen Temperaturen ($T \ll \Theta$) ein T^3-Gesetz für C_V; dieses Verhalten stimmt gut mit den experimentellen Ergebnissen überein. Die Größe Θ hat die Dimension einer Temperatur und ist ein Maß für die Abweichung vom klassischen Verhalten. Θ wird Debye-*Temperatur* genannt. Für typische Festkörper liegt sie in der Größenordnung von einigen 100 °K, z. B. 315 °K für Kupfer und 170 °K für Gold.

Die Quantentheorie in Anwendung auf die Theorie der spezifischen Wärmen von Festkörpern und — mit einigen teilweisen Vorbehalten durch einzelne Physiker — auch auf die Theorie der Temperaturstrahlung war zu Beginn des zweiten Jahrzehnts des zwanzigsten Jahrhunderts fest begründet und anerkannt. Das ist aus den Verhandlungen der Solvay-Kongresse 1911 und 1913, zu denen die meisten führenden Physiker dieser Zeit eingeladen waren, ersichtlich. Der nächste Schritt vorwärts war die Entwicklung einer Theorie des Atombaus, der wir uns nun in den folgenden Kapiteln zuwenden wollen.

KAPITEL III

Das Rutherfordsche Atommodell

Zu Beginn des zwanzigsten Jahrhunderts waren bereits viele atomare Erscheinungen bekannt, z. B. die Radioaktivität. Die Existenz der Elektronen ist von J. J. THOMSON nachgewiesen und von LORENTZ zur Erklärung des ZEEMAN-Effektes verwendet worden. Da die vielen verschiedenen Methoden zur Bestimmung der Größe eines Atoms alle zu übereinstimmenden Ergebnissen führten, wurde langsam auch allgemein anerkannt, daß die Materie aus Atomen besteht; über die Struktur der Atome selbst jedoch wurden noch kaum Überlegungen angestellt.

In seinen Silliman-Vorlesungen schlug THOMSON (1904a; s. a. THOMSON, 1904b, und über ein früheres, einfaches Modell, KELVIN, 1902) ein Atommodell vor, das etwa ein Jahrzehnt lang allgemein anerkannt wurde. Obwohl RUTHERFORDS Kernmodell — das heutzutage als eine zuverlässigere Darstellung anerkannt ist — schon Anfang 1911 veröffentlicht wurde, fand es auf dem Solvay-Kongreß 1911, wo RUTHERFORD selbst anwesend war, keine Erwähnung. Ja sogar auf dem Solvay-Kongreß 1913, der nach der Veröffentlichung der ersten BOHRschen Arbeit über das Quantenmodell stattfand, war der Hauptbeitrag eine lange Arbeit von THOMSON über sein eigenes Modell, während das RUTHERFORDsche Atommodell lediglich in der Diskussion kurz erwähnt wurde und BOHRS Arbeit gänzlich unerwähnt blieb.[1])

[1]) Es ist interessant zu vermerken, daß LORENTZ während des Solvay-Kongresses 1913 äußerte, es sei zweifelhaft, ob ein klassisches Modell wie das THOMSONsche überhaupt zur richtigen Strahlungsformel führen könnte.

THOMSON hat sein Modell zur Erklärung der Radioaktivität aufgestellt. Er nahm an, daß ein Atom aus einer kugelförmigen, gleichmäßig verteilten positiven Ladung besteht, in der negativ geladene Elektronen (die er Korpuskeln nannte) eingebettet sind. Die Gesamtladung des Atoms war Null. THOMSON untersuchte zuerst mögliche Elektronenanordnungen unter der Annahme, daß sich die Elektronen in Ruhe befinden. Solange die Zahl der Elektronen klein ist, können sie symmetrisch über eine Kugelfläche im Inneren des Atoms verteilt sein; diese Anordnung ist jedoch instabil, sobald die Elektronenzahl groß wird. Er schlug mögliche stabile Konfigurationen vor, die aus den Experimenten von MAYER (1878, 1879) mit Magnetnadeln abgeleitet waren. MAYER fand, daß diese Nadeln, in Korken gesteckt und mit dem gleichen Pol nach oben zum Schwimmen gebracht, sich bei Annäherung des entgegengesetzten Pols eines großen Stabmagneten in regelmäßigen Figuren anordnen und bei drei, vier oder fünf Nadeln auf diese Weise ein Dreieck, Quadrat oder Fünfeck bzw. bei größerer Nadelzahl konzentrische reguläre Polygone bilden. THOMSON nahm an, daß sich die Elektronen in ähnlicher Weise auf Kugelschalen anordnen würden.

THOMSON war in der Lage, viele atomare Erscheinungen qualitativ zu beschreiben. Zum Beispiel ist es in seinem Modell ganz natürlich, bei Beginn einer neuen Elektronenschale einen Wechsel der atomaren Eigenschaften zu erwarten, wie dies auch im periodischen Verhalten der Atomeigenschaften beim Durchlaufen des Periodensystems der Elemente auftritt. Ferner wird man unter der Annahme, daß die Atomspektren durch die Eigenschwingungen der Elektronen um ihre Gleichgewichtslagen hervorgerufen werden, für die Elemente in der gleichen Spalte des Periodensystems ähnliche Spektren erwarten, wie es auch der Fall ist. THOMSONS Erklärung der verschiedenen Wertigkeiten ist der im BOHRschen Modell gegebenen Deutung völlig analog. Ein Atom mit einer fast voll besetzten Schale wird zusätzlich Elektronen anziehen, während die ersten Elektronen einer neuen Schale leichter abgegeben werden können. Wir wollen hier die anderen Anwendungen des THOMSONschen Atoms nicht diskutieren; THOMSONS eigene Beschreibung der verschiedenen Aspekte seines Modells in seinen Silliman-Vorlesungen ist jedoch lesenswert. Seine Vorstellung der „Korpuskulartemperatur", die die kinetische Energie der Elektronen im Inneren seines Atoms bestimmt und die, wie er betont, mit der Temperatur des Systems, dem das Atom angehört, nicht ins Gleichgewicht kommt, hat große Ähnlichkeit mit der in der statistischen Theorie der Kernreaktionen verwendeten Vorstellung der Kerntemperatur.

Zu einer wirklichen Prüfung des THOMSONschen Atommodells kam es durch die Streuungsexperimente mit α-Teilchen. Die Streuversuche mit β-Strahlen von CROWTHER (1910) schienen mit dem THOMSONschen Modell übereinzustimmen, wenn man annahm, daß die β-Strahlen an den Elektronen im Inneren des Atoms mehrfach gestreut werden können. Die Situation änderte sich jedoch, als die Versuche von GEIGER und MARSDEN (1909) über die Streuung von α-Teilchen zeigten, daß eine etwa $4 \cdot 10^{-5}$ cm dicke Goldfolie jedes 20000. α-Teilchen um Winkel von 90° und mehr streut. Das war mit dem THOMSONschen Atommodell unvereinbar, und RUTHERFORD (1911, neu abgedruckt in diesem Band, S. 139) folgerte daraus: Ein Atom muß aus einer schweren zentralen Masse bestehen, die auf ein sehr kleines Volumen konzentriert ist und von leichten Massen entgegengesetzter Ladung im äußeren Teil des Atoms umgeben ist. Wir wollen die Überlegung, die RUTHERFORD zu dieser Schlußfolgerung führten, kurz beschreiben. Im Lichte der modernen kernphysikalischen und elementarphysikalischen Experimente ist es interessant, daß RUTHERFORD die Bedeutung der Streuversuche mit Teilchen hoher Energie für das Studium des Atombaus nachdrücklich unterstrich.

Um die Aussagen des THOMSONschen Modells mit denen des RUTHERFORDschen Kern- oder Planetenmodells zu vergleichen, müssen wir als erstes sehen, was die Theorien über einen einzelnen Streuprozeß voraussagen. Dann müssen wir Mehrfachstreuprozesse betrachten und schließlich diskutieren, weshalb Mehrfachstreuprozesse für α-Teilchen nicht vorkommen sollten.

Wir wollen die Streuung eines Teilchens mit der Masse m und der Ladung $Z_1 e$ an einer festgehaltenen Ladung

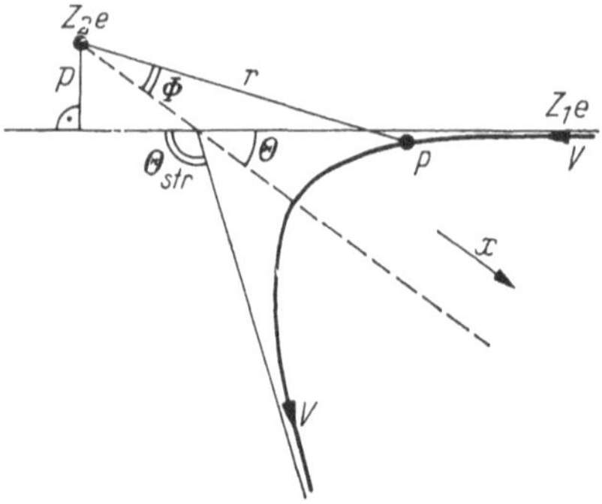

Abb. III.1. RUTHERFORD-Streuung

$Z_2 e$ (Abb. III. 1) betrachten. V sei die Geschwindigkeit von m im Unendlichen und p der Stoßparameter, d. h. der Abstand, in dem m an der festen Ladung vorbeifliegen würde, wenn keine Kräfte zwischen den beiden Ladungen wirken würden. Mit $\pi - 2\Theta$ bezeichnen wir den Streuwinkel, d. h. den Winkel, um den m abgelenkt wird. Wenn uns die Einzelheiten der Flugbahn nicht interessieren (wegen solcher Details s. z. B. TER HAAR, 1961, Kapitel I), finden wir leicht, wie Θ von p abhängt. Dazu führen wir Polarkoordinaten mit der festen Ladung als Ursprung ein (Abb. III. 1). Der Drehimpuls m im Punkt P ist $mr^2\dot{\Phi}$, $r\dot{\Phi}$ ist die tangentiale Geschwindigkeit, und der Drehimpulssatz lautet:

$$p \cdot mV = mr^2\dot{\Phi}. \tag{3.1}$$

Wir betrachten nun die Bewegung von m entlang der Symmetrieachse der Flugbahn, d. h. in x-Richtung. Aus Abb. III. 1 ersehen wir, daß die Impulsänderung in x-Richtung gleich $2mV\cos\Theta$ ist. Da die auf m wirkende Kraft gleich $Z_1 Z_2 e^2/r^2$ ist, wird die in x-Richtung wirkende Kraft gleich $Z_1 Z_2 e^2 \cos\Phi/r^2$ sein, und wir erhalten damit nach dem zweiten NEWTONschen Axiom

$$2mV\cos\Theta = \int\limits_{-\infty}^{+\infty} \frac{Z_1 Z_2 e^2}{r^2}\cos\Phi\,\mathrm{d}t. \tag{3.2}$$

Verwendet man Gleichung (3.1), um die Integration über t durch die Integration über Φ zu ersetzen, so erhält man

$$2mV\cos\Theta = 2\int\limits_{\Theta}^{0} \frac{Z_1 Z_2 e^2}{pV}\cos\Phi\,\mathrm{d}\Phi$$

oder

$$\cot\Theta = \frac{b}{2p} \tag{3.3}$$

bzw.

$$\cot{}^1/_2\Theta_{\mathrm{str}} = \frac{2p}{b}; \tag{3.4}$$

darin sind Θ_{str} $(= \pi - 2\Theta)$ der Streuwinkel und

$$b = \frac{Z_1 Z_2 e^2}{{}^1/_2 mV^2} \tag{2.5}$$

der minimale Abstand, auf den sich ein Teilchen mit der Masse m und der Ladung $Z_1 e$ einer Ladung $Z_2 e$ nähern kann, wenn es mit der Geschwindigkeit V aus dem Unendlichen anfliegt (unter der Annahme, daß die Ladungen das gleiche Vorzeichen haben).[1]) Bisher haben wir die Ladung $Z_2 e$ als unbeweglich angenommen. Aus der klassischen Streutheorie wissen wir jedoch, daß dies nur dann korrekt ist, wenn die Masse M dieser Ladung unendlich groß ist. Für endliches M ist die von uns betrachtete Flugbahn die Bahn im Massenmittelpunktsystem, und die Bewegung des Massenmittelpunktes selbst ist noch zu berücksichtigen. Nach der klassischen Mechanik (siehe z. B. TER HAAR, 1961, Kapitel I) läuft die Bewegung im Massenmittelpunktsystem genauso ab wie für ein festes Streuzentrum und eine Masse von $mM/(m + M)$, die sogenannte reduzierte Masse der gestreuten Teilchen. Wir wollen nun die Beziehung zwischen dem Winkel Θ im Massenmittelpunktsystem und dem Winkel Θ' im Laborsystem suchen. Θ' ist der experimentell gemessene Winkel. Wenn M im Laborsystem ruht und m sich mit der Geschwindigkeit V' im Unendlichen bewegt, ist die Geschwindigkeit des Massenmittelpunktes v_{MMP} durch die Gleichung

$$v_{\text{MMP}} = \frac{mV'}{M + m} \tag{3.6}$$

gegeben. V' hängt mit der Geschwindigkeit V im Massenmittelpunktsystem folgendermaßen zusammen:

$$V = \frac{M}{M + m} V' = \frac{M}{m} v_{\text{MMP}}. \tag{3.7}$$

Sehen wir uns nun Abb. III. 2 an. Nach Abb. III. 2 erfüllt Θ'_{str} die Gleichung (V'' ist die Geschwindigkeit

---

[1]) Es ist zu erwähnen, daß unsere Formeln auch dann unverändert bleiben, wenn die beiden Ladungen entgegengesetzte Vorzeichen haben. Der einzige Unterschied liegt in Abb. III.1, wo die feste Ladung im inneren statt im äußeren Brennpunkt der hyperbolischen Bahn liegt.

von m nach der Streuung im Laborsystem):

$$\tan \Theta'_{\mathrm{str}} = \frac{V''_y}{-V''_x} = \frac{V_y}{-V_x + v_{\mathrm{MMP}}} = \frac{V \sin \Theta_{\mathrm{str}}}{V \cos \Theta_{\mathrm{str}} + v_{\mathrm{MMP}}}$$

$$= \frac{\sin \Theta_{\mathrm{str}}}{\cos \Theta_{\mathrm{str}} + (m/M)}. \tag{3.8}$$

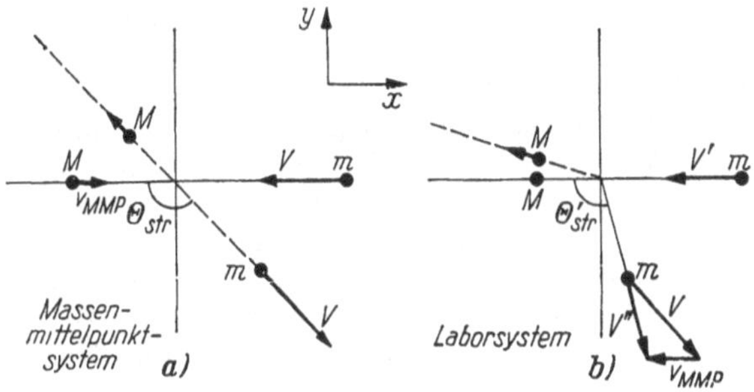

Abb. III.2. Streuung im Massenmittelpunkt- und im Laborsystem

Für $m \ll M$ ist $\Theta'_{\mathrm{str}} \approx \Theta_{\mathrm{str}}$, wie wir es erwartet haben. Für $m = M$ kann sich der Streuwinkel im Laborsystem ebenso wie der Winkel im Massenmittelpunktsystem zwischen 0 und π ändern, obwohl Θ'_{str} und Θ_{str} nicht mehr gleich sind. Im Fall $m \gg M$ kann zwar der Streuwinkel im Massenmittelpunktsystem groß werden, aber der Streuwinkel im Laborsystem wird immer klein sein.

In THOMSONS Atommodell wird die Streuung durch die Korpuskeln (Elektronen) hervorgerufen, während sie im RUTHERFORDschen Atommodell zum Teil an Elektronen und zum Teil am Kern erfolgt. Im Falle der β-Strahlung würden wir keine qualitativen Unterschiede in den Streucharakteristika nach dem THOMSONschen und dem RUTHERFORDschen Atommodell erwarten, da die β-Strahlen Elektronen sind. Bei der Streuung von α-Teilchen könnten wir jedoch keine Streuung um große Winkel erwarten, wenn das Atom die von THOMSON postulierte Struktur hätte und der beobachtete Streuwinkel durch einen einzelnen Streuprozeß hervorgerufen wäre. Falls Mehrfachstreuung unwahrscheinlich ist, beweisen Streuexperimente mit α-Teilchen, besonders das Auftreten großer Streuwinkel, die Unhaltbarkeit des THOMSONschen Atommodells. RUTHERFORD identifizierte die leichten Ladungen nicht mit Elektronen, aber er erwähnte, daß ein positiv geladener Kern die hohe Geschwindigkeit der beim radioaktiven Zerfallsprozeß emittierten α-Teilchen erklären könnte. Wir wollen an dieser Stelle auch erwähnen, daß NAGAOKA (1904) bereits früher Betrachtungen über die Eigenschaften eines „Saturnatoms" angestellt hat. Dieses Modell enthält eine zentrale anziehende Masse, die von Ringen kreisender Elektronen umgeben ist. Auch PERRIN (1901) hat ein ähnliches Modell vorgeschlagen.

Vor der Behandlung der Mehrfachstreuung stellen wir noch fest, daß RUTHERFORD unter der Annahme der Einzelstreuung von α-Teilchen an einem Kern der Ladung $Z_2 e$ aus den Ergebnissen von GEIGER und MARSDEN Z_2 bestimmen konnte und fand, daß Z_2 etwa dem halben Atomgewicht des streuenden Atoms entsprach. Das stimmt mit BARKLAS Entdeckung (1911) überein, daß bei Streuung von Röntgenstrahlen die Elektronenzahl pro Atom ungefähr gleich dem halben Atomgewicht ist.

Wir wollen jetzt die Mehrfachstreuung betrachten. Sicherlich können wir die Streuung an den Elektronen vernachlässigen, da sie nur zu einer kleinen Korrektur der Streuung am Kern führen wird. Zur Begründung verweisen wir auf Abschnitt 5 in RUTHERFORDS Arbeit auf S. 150. Als nächstes wollen wir die Wahrscheinlichkeit dafür bestimmen, daß ein Teilchen in einen Winkel zwischen Θ_{str} und $\Theta_{\text{str}} + d\Theta_{\text{str}}$ gestreut wird. Wir werden den Unterschied zwischen Θ'_{str} und Θ_{str} vernachlässigen,

d. h. $M \gg m$ annehmen (bei den wirklichen Experimenten war $M/m \approx 30$ bis 50). Aus Gleichung (3.4) finden wir diese Wahrscheinlichkeit sofort, wenn wir die Wahrscheinlichkeit dafür kennen, daß das gestreute Teilchen auf das Target mit einem Stoßparameter zwischen p und $p + \mathrm{d}p$ auftrifft. Wenn I die Zahl der auftreffenden Teilchen pro Flächeneinheit ist, wird die Zahl der Teilchen mit einem solchen Stoßparameter ohne Zweifel $I \cdot 2\pi p \, \mathrm{d}p$ sein. n sei die Zahl der streuenden Kerne pro Volumeneinheit, t die Dicke des Targets und A dessen Fläche senkrecht zum einfallenden Strahl; die Zahl $\mathrm{d}N$ der in Winkel zwischen Θ_{str} und $\Theta_{\mathrm{str}} + \mathrm{d}\Theta_{\mathrm{str}}$ gestreuten Teilchen ist dann

$$\mathrm{d}N = I A t n \cdot 2\pi p \, \mathrm{d}p = {}^1/_4 \pi I A t n b^2 \frac{\cos {}^1/_2 \Theta_{\mathrm{str}}}{\sin^3 {}^1/_2 \Theta_{\mathrm{str}}} \mathrm{d}\Theta_{\mathrm{str}}. \tag{3.9}$$

Aus Gleichung (3.9) können wir den differentiellen Wirkungsquerschnitt

$$\frac{\mathrm{d}\sigma}{\mathrm{d}\Omega} = I A t \cdot 2\pi \sin \Theta_{\mathrm{str}} \, \mathrm{d}\Theta_{\mathrm{str}}$$

finden und erhalten damit die sogenannte RUTHERFORD*sche Streuformel:*

$$\frac{\mathrm{d}\sigma}{\mathrm{d}\Omega} = {}^1/_{16} \, b^2 \, \frac{1}{\sin^4 {}^1/_2 \Theta_{\mathrm{str}}} \tag{3.10}$$

Die Zahl f aller um einen Winkel größer als Θ_{str} abgelenkten Teilchen ist durch die Gleichung

$$f = {}^1/_4 \, \pi I A t n b^2 \cot^2 {}^1/_2 \, \Theta_{\mathrm{str}} \tag{3.11}$$

gegeben. Mit Θ_{str} wird f stark abnehmen. Demnach wird der mittlere Streuwinkel $\langle \Theta_{\mathrm{str}} \rangle$ klein sein. Tatsächlich zeigt RUTHERFORD (s. S. 152), daß der mittlere Streuwinkel gleich $3\pi b/8R$ ist; R ist der Atomradius von ungefähr 10^{-8} cm, während b für ein α-Teilchen der

Energie 10 MeV und $Z = 100$ von der Größenordnung $10^{-11} \dots 10^{-12}$ cm ist. Der zu einer Mehrfachstreuung in einem Target der Dicke t gehörige mittlere Streuwinkel Θ_t wird der Quadratwurzel aus der Zahl der Streuprozesse proportional sein:

$$\Theta_t = \langle \Theta_{\text{str}} \rangle \sqrt{(\pi R^2 n t)}, \tag{3.12}$$

d. h.

$$\Theta_t = {}^3/_8 \pi b \sqrt{(\pi n t)}. \tag{3.13}$$

Die Wahrscheinlichkeit p_{mehrfach} dafür, daß die zu einer Mehrfachstreuung gehörige Ablenkung größer sein wird als Θ_{str}, ist durch den GAUSSschen Ausdruck $\exp(-\Theta^2_{\text{str}}/\Theta_t^2)$ bzw. mit (3.13) durch

$$\Theta^2_{\text{str}} = -\,{}^9/_{64} \pi^3 b^2 n t \ln p_{\text{mehrfach}} \tag{3.14}$$

gegeben. Dagegen finden wir aus Gleichung (3.11) für die Wahrscheinlichkeit p_{einzel}, daß der gleiche Winkel bei einem einzelnen Streuprozeß überschritten wird:

$$p_{\text{einzel}} = {}^1/_4\, \pi b^2 n t \cot^2 {}^1/_2 \Theta_{\text{str}}. \tag{3.15}$$

Verwendet man die Gleichungen (3.14) und (3.15) und vergegenwärtigt man sich, daß Θ_{str} praktisch für alle Ereignisse klein ist, so daß $\cot {}^1/_2\, \Theta_{\text{str}} \approx 2/\Theta_{\text{str}}$ wird, dann findet man[1])

$$p_{\text{einzel}} \ln p_{\text{mehrfach}} = \frac{64}{9\pi^2} = -0{,}7 \tag{3.16}$$

oder

$$p_{\text{mehrfach}} = e^{-0{,}7/p_{\text{einzel}}}. \tag{3.17}$$

[1]) Der Zahlenwert für die rechte Seite der Gleichung (3.16) ändert sich nicht wesentlich, wenn Θ_{str} so groß wird, daß unsere Näherung unbrauchbar wird.

Aus Gleichung (3.15) können wir für jeden gegebenen Wert von Θ_{str} die Größe p_{einzel} für die von GEIGER und MARSDEN verwendeten Targets abschätzen. Für große Winkel Θ_{str}, die die entscheidenden Winkel bei der Diskussion waren, wird p_{einzel} klein. Sobald jedoch p_{einzel} klein wird, wird $p_{mehrfach}$ tatsächlich sehr klein. Zum Beispiel entsprechen die Werte 0,1 und 0,01 für p_{einzel} den Werten 0,0004 und weniger als 10^{-30} für $p_{mehrfach}$, d. h., die Wahrscheinlichkeit, bei Mehrfachstreuungen annehmbare Werte für Θ_{str} zu erhalten, ist völlig zu vernachlässigen, was wir zeigen wollten.

KAPITEL IV

Das Bohrsche Atommodell

Das experimentelle Material zur Unterstützung des RUTHERFORDschen Atommodells war sehr umfangreich, dennoch gab es auch verschiedene ernste Schwierigkeiten. Um diese Schwierigkeiten zu sehen, wollen wir das einfachste Atom, das Wasserstoffatom, betrachten. Dieses besteht nur aus einem einzigen Proton (diese Bezeichnung für den Wasserstoffkern wurde 1920 von RUTHERFORD vorgeschlagen), um das ein einzelnes Elektron kreist. Es war bekannt, daß Wasserstoff ein Linienspektrum hat und daß die Frequenzen der Linien der Beziehung

$$\nu = Rc\left[\frac{1}{n_1^2} - \frac{1}{n_2^2}\right] \tag{4.1}$$

genügen; darin ist c die Lichtgeschwindigkeit, n_1 und n_2 sind ganze Zahlen, und R ist die sogenannte RYDBERG-Konstante ($R = 109\,678$ cm^{-1}). Es taucht nun die Frage auf, wie dieses Spektrum mit dem RUTHERFORDschen Atommodell erklärt werden könnte. Klassisch würde man erwarten, daß die Frequenzen der verschiedenen Spektrallinien den charakteristischen Frequenzen bei der Bewegung der geladenen Atombestandteile entsprechen. Im Fall des Wasserstoffs würde das jedoch ein sich über den gesamten Wellenlängenbereich erstreckendes, kontinuierliches Spektrum ergeben, wie wir im folgenden sehen werden. Nach der klassischen Elektrodynamik (s. z. B. PANOFSKY und PHILLIPS, 1955, oder LANDAU und LIFSCHITZ, 1964) muß eine beschleunigte Ladung strahlen und damit Energie verlieren. Folglich muß das Elektron langsam spiralförmig in das Proton hineinfliegen. Einerseits bedeutet das, daß es in einem Volumen von gasförmigem Wasserstoff Atome geben müßte, deren Elektronen sich in sehr verschiedenen Abständen vom Proton befinden und mit verschiedenen Frequenzen um den Kern kreisen, wobei sie ein kontinuierliches Spektrum liefern müßten. Andererseits ist an diesem Bild schwer verständlich, weshalb die Atome so stabil sind, während sie doch völlig instabil sein sollten, bis die Elektronen im Kerninneren zur Ruhe gekommen sind. Ein Ausweg wäre gewesen, die klassische Elektrodynamik völlig zu verlassen, jedoch besagt ein Zitat von KRAMERS und HOLST (1923):

„Man kann schwerlich erwarten, daß die Physiker im allgemeinen sehr geneigt sein werden, die Konzeption der Elektrodynamik aufzugeben, selbst wenn deren Basis durch RUTHERFORDS atomare Projektile ernstlich beschädigt worden ist. Gekrönt durch ihren alles übersteigenden Erfolg — die LORENTZsche Elektronentheorie — stellt die klassische Elektrodynamik zu Beginn des 20. Jahrhunderts ein sowohl solides, als auch weiträumiges Gebäude dar, das in seinem Aufbau nahezu alle im Laufe der Jahrhunderte angesammelten physikalischen Erkenntnisse vereinigt, Optik und Elektrizitätslehre, Thermodynamik und Mechanik. Mit dem Zusammenbruch eines solchen Gebäudes wären die Physiker, wie man leicht nachfühlen kann, heimatlos geworden.“

Die Antwort wurde dennoch in einer Aufgabe der klassischen Elektrodynamik auf mikroskopischer Ebene gefunden — wie es PLANCK und EINSTEIN bei ihrer Behandlung der Strahlungserscheinungen getan hatten.[1])

Eine weitere Schwierigkeit des RUTHERFORDschen Atommodells war, wie BOHR in der ersten Arbeit seiner

[1]) Eine von SOMMERFELD (SOMMERFELD und BOPP, 1951) erzählte interessante Anekdote soll hier erwähnt werden. In einer Diskussion über Atomspektren mit dem Spektroskopiker RUNGE soll HELMHOLTZ gesagt haben: „Ja, die Planeten. Wie könnte das sein? Die Planeten ... aber nein, *es wird es nicht tun*!“ (kursiv von D. t. H.). RUNGE versichert, daß HELMHOLTZ zweifellos an Elektronenschalen rund um den Kern dachte, er jedoch auch sah, daß diese Schalen nicht stabil sein würden.

„großen Trilogie“ (1913a, b, c; die erste dieser Arbeiten ist in diesem Band auf S. 167 nachgedruckt) betonte, daß es keine natürliche Länge in der Theorie gab, solange diese klassisch behandelt wurde. Das steht im Gegensatz zum THOMSONschen Atommodell, in dem die Stabilitätsbedingung für die Anordnungen der Korpuskeln eine solche Länge in die Theorie einbrachte. Wenn man sich jedoch entscheidet, die Quantentheorie zu Hilfe zu nehmen, hat man außer der Masse m und der Ladung e des Elektrons auch das PLANCKsche Wirkungsquantum h, und aus diesen drei Größen kann man durch Dimensionsanalyse die Kombination h^2/me^2 bilden, die eine Länge mit der richtigen Größenordnung darstellt [vgl. Gleichung (4.7) weiter unten].

BOHR war im März 1912 nach einem kurzen und nicht sehr glücklichen Aufenthalt am Cavendish-Laboratorium in Cambridge nach Manchester gekommen, um sich RUTHERFORD anzuschließen. Nach GAMOW (wie von CONDON, 1962, erzählt wird) hatte BOHR Schwierigkeiten mit J. J. THOMSON, da er dessen Atommodell kritisch gegenüberstand! Während seines Aufenthaltes in Manchester begann BOHR seine Ideen über Mittel und Wege zu entwickeln, wie man das RUTHERFORDsche Atommodell zur Erklärung der Atomspektren verwenden könnte. In der Einführung zu einer aus Anlaß des 50. Jahrestages der Veröffentlichung dieser Arbeiten vor kurzem nachgedruckten Arbeit von BOHR aus dem Jahre 1913 (BOHR, 1963) gab ROSENFELD einen ausführlichen Bericht darüber, wie BOHR zu seiner Theorie kam. Daraus kann man ersehen, daß der letzte — und entscheidende — Strich an den Arbeiten bis Februar/März 1913 noch nicht getan war, als BOHR bereits über ein halbes Jahr wieder in Kopenhagen weilte.

Obwohl es viele interessante Punkte in BOHRS zweiter und dritter Arbeit über die schweren Atome und Moleküle gibt, ist die erste Arbeit bei weitem die wichtigste. Wir wollen daher aus Platzmangel unsere Besprechung hauptsächlich auf diesen ersten Teil, die Behandlung des

Wasserstoffatoms, beschränken. Wir haben bereits erwähnt, wie BOHR aus dem Fehlen einer natürlichen Länge im RUTHERFORDschen Modell folgerte, daß das PLANCKsche Wirkungsquantum in die Theorie eingeführt werden müßte. Aus der klassischen Mechanik (siehe z. B. TER HAAR, 1961) folgt: In einem Wasserstoffatom, in dem ein Elektron der Ladung $-e$ an einen Kern der Ladung $+e$[1]) gebunden ist, hängen die Bindungsenergie des Elektrons E_b, der Bahnradius a — wir nehmen die Bahn der Einfachheit halber als Kreis an, wie es BOHR in seinen Betrachtungen meist auch getan hat — und Umlauffrequenz ω des Elektrons über die Gleichungen[2])

$$E_b = \frac{e^2}{2a}, \tag{4,2}$$

$$\omega = \frac{2}{\pi} \frac{E^{3/2}}{e^2 \sqrt{(2m)}} \tag{4.3}$$

miteinander zusammen.

Gleichung (4.2) folgt für Kreisbahnen leicht aus der Tatsache, daß die potentielle Energie U gleich $-e^2/a$ und die kinetische Energie T nach dem Virialsatz gleich $-1/2\, U$ sind. Gleichung (4.3) ergibt zusammen mit Gleichung (4.2) das dritte KEPLERsche Gesetz, daß die Umlaufzeit auf einer KEPLERschen Bahn mit der großen Halbachse verknüpft. Das folgt sofort aus $1/2\, ma^2 \times (2\pi\omega)^2 = T = E_b$.

Betrachten wir nun ein Elektron, das aus dem Unendlichen auf eine Umlaufbahn mit der Frequenz ω gebracht wurde. Wenn seine Frequenz im Unendlichen gleich Null

---

[1]) Es ist interessant festzustellen, daß BOHR erklärte: „Ein allgemeiner Umstand zeigt, daß ein Wasserstoffatom einfach aus einem um einen positiven Kern der Ladung e kreisenden, einzelnen Elektron besteht." Hieraus wird klar, daß dieses Ergebnis gerade erst entstand, als BOHR seine Arbeit schrieb.

[2]) E_b, das BOHR einfach mit E bezeichnete, ist die Bindungsenergie; die Energie des Elektrons, die im gebundenen Zustand negativ ist, wird somit gleich $-E_b$.

ist, würde nach BOHRS Meinung die bei der Bindung des Elektrons verlorene Energie in Form von τ Energiequanten $h\nu$ mit $\nu = {}^1/_2\,\omega$ emittiert werden. Wir erhalten so die Beziehung

$$E_{\mathrm{b}} = \tau h \cdot {}^1/_2\,\omega, \tag{4.4}$$

die zusammen mit den Gleichungen (4.2) und (4.3) zu den Beziehungen führt:

$$E_{\mathrm{b}} = \frac{2\pi^2 m e^4}{\tau^2 h^2}, \tag{4.5}$$

$$\omega = \frac{4\pi^2 m e^4}{\tau^3 h^3}, \tag{4.6}$$

$$a = \tau^2 \frac{h^2}{4\pi^2 m e^2}. \tag{4.7}$$

Wenn wir jetzt die Zustände mit den durch die Gleichungen (4.5) bis (4.7) gegebenen Parametern als stationäre Zustände des Wasserstoffatoms ansehen, so sind, wie BOHR selbst feststellte, darin folgende grundlegende Annahmen enthalten:

a) Das dynamische Gleichgewicht von Systemen kann in stationären Zuständen mit Hilfe der gewöhnlichen Mechanik beschrieben werden, *während die Übergänge der Systeme zwischen verschiedenen stationären Zuständen nicht auf dieser Basis beschrieben werden können* (kursiv von D. t. H.).

b) Der letztgenannte Prozeß wird von *homogener* (kursiv von BOHR) Strahlung begleitet, für die die Beziehung zwischen der Frequenz und der Energie allein durch die PLANCKsche Theorie gegeben ist. Wir werden zu einer Besprechung der verschiedenen Hauptpunkte der BOHRschen Arbeit zurückkehren, vorher jedoch noch einige weitere Konsequenzen diskutieren.

Wir wollen jetzt den Übergang von einem Zustand mit der Energie E_1 entsprechend $\tau = \tau_1$ in einen Zustand mit der Energie E_2 entsprechend $\tau = \tau_2 (< \tau_1)$ betrachten. Wenn wir annehmen, daß die Energiedifferenz $E_2 - E_1$ in Form eines einzelnen Lichtquants der Frequenz ν emittiert wird, so erhalten wir

$$E_1 - E_2 = h\nu \tag{4.8}$$

oder

$$\nu = \frac{2\pi^2 m e^4}{h^3}\left(\frac{1}{\tau_2^2} - \frac{1}{\tau_1^2}\right), \tag{4.9}$$

was sowohl qualitativ als auch *quantitativ* der Gleichung (4.1) entspricht. BOHR nahm gleichzeitig an, daß das Spektrum des Heliumions He^+ eine ähnliche Abhängigkeit zeigen würde, jedoch mit einem viermal so großen Faktor vor der Klammer auf der rechten Seite von Gleichung (4.9); dieses Spektrum sollte das von FOWLER in einer Mischung aus Wasserstoff und Helium bzw. von PICKERING in Sternspektren beobachtete Spektrum sein. Diese Vorhersage wurde bald danach von EVANS bestätigt und der geringe Unterschied zwischen den Koeffizienten vor der Klammer in Gleichung (4.9) bzw. einem Viertel der analogen Konstanten in der Formel für die He^+-Linien bestätigte die Identifizierung; denn das in dieser Konstante vorkommende m müßte die reduzierte Masse $mM/(m + M)$ sein und nicht die Elektronenmasse. Die Kernmasse M ist im Falle des Heliums viermal so groß wie im Falle des Wasserstoffs.

Im Hinblick auf die Bedeutung des sogenannten Korrespondenzprinzips (s. Kapitel VI), nach dem sich Quantensysteme im Grenzfall großer Quantenzahlen wie klassische Systeme verhalten müssen, ist es interessant, wie BOHR einen anderen Weg fand, um Gleichung (4.4) abzuleiten. Wir haben gesehen, daß Gleichung (4.9) die experimentellen Werte für das Wasserstoffspektrum wiedergibt. Das ist eine direkte Folge aus Gleichung (4.5), die aus den Gleichungen (4.3) und (4.4) abgeleitet wurde. Dabei ist nebensächlich, wie Gleichung (4.4) abgeleitet wurde.

BOHR vermerkte als erstes, daß wir beim Niederschreiben der Gleichung (4.8) annehmen, daß nur ein Quant während des Übergangs emittiert wurde. Zweitens hielt er fest, daß die im Bereich niedriger Frequenzen quantentheoretisch erhaltenen Ergebnisse gleich den aus klassischen Überlegungen folgenden Ergebnisse sind [vgl. Kapitel I, wo der Ausdruck (1.48) für $h\nu/kT \to 0$ in den klassischen Ausdruck (1.25) übergeht]. Wir wollen annehmen, daß wir anstelle der Beziehung (4.4)

$$E_{\mathfrak{b}} = f(\tau)\hbar\omega \tag{4.10}$$

haben, worin $f(\tau)$ eine bisher unbestimmte Funktion der Quantenzahl τ ist. Kombiniert man Gleichung (4.10) mit Gleichung (4.3) und verwendet Gleichung (4.8), so findet man, daß $f(\tau)$ proportional zu τ sein muß: $f(\tau) = K\tau$. Betrachten wir jetzt den Übergang von einem Zustand mit $\tau = N$ in einem Zustand mit $\tau = N - 1$. Aus den Gleichungen (4.3), (4.8), (4.10) und der Beziehung $f(\tau) = K\tau$ erhalten wir für die Frequenz ν der emittierten Strahlung

$$\nu = \frac{\pi^2 m e^4}{2K^2 h^3} \frac{2N-1}{N^2(N-1)^2}, \tag{4.11}$$

während man für die (klassische) Frequenz des Elektrons im stationären Zustand mit $\tau = N$

$$\omega_N = \frac{\pi^2 m e^4}{2K^3 h^3 N^3} \tag{4.12}$$

erhält. Beim Grenzübergang $N \to \infty$ muß $\omega_N \to \nu$ gehen und K folglich gleich $^1/_2$ werden; somit haben wir Gleichung (4.4) neu abgeleitet.

Aus den Gleichungen (4.6) und (4.7) erhalten wir für den Drehimpuls M des Elektrons die Gleichung

$$M = ma^2(2\pi\omega) = \tau\hbar, \tag{4.13}$$

worin $\hbar$ die DIRACsche Konstante ($= h/2\pi$) ist. Die Gleichung (4.13) drückt die *Quantelung des Drehimpulses* aus. In BOHRS zweiter Arbeit (1913b) verwendet er Gleichung (4.13) als Ausgangspunkt. Tatsächlich folgen die Gleichungen (4.5) bis (4.7) direkt aus Gleichung (4.13), wenn man diese mit den Gleichungen (4.2) und (4.3) kombiniert.

Wenn BOHRS Überlegung und speziell Gleichung (4.8) korrekt sind, könnte man erwarten, daß ein Elektronenstoß eine ganz bestimmte Anregung des Atoms hervorrufen würde. Das wurde tatsächlich durch FRANCK und HERTZ (1914a, b; die zweite Arbeit ist neu abgedruckt in diesem Band, S. 201) experimentell bestätigt. FRANCK und HERTZ zeigten, daß die Quecksilber-Resonanzlinie mit der Wellenlänge 2536 Å erzeugt werden kann, indem Quecksilberatome durch Elektronen geeigneter Energie angeregt werden. Sie gaben damit einen direkten experimentellen Beweis für das BOHRsche Postulat (4.8).

Wir wollen jetzt die Hauptpunkte, in denen BOHR von den klassischen Überlegungen abwich, etwas ausführlicher behandeln. Dazu folgen wir WHITTAKERS Gliederung (1954). Die Hauptpunkte der BOHRschen Theorie sind:

I. Die Atome erzeugen die Spektrallinien einzeln und sind nicht gleichzeitig für das ganze Spektrum verantwortlich.

II. Ein einzelnes Elektron ist verantwortlich für die Erzeugung einer Spektrallinie.

III. Das RUTHERFORDsche Atommodell ist eine befriedigende Basis für exakte Berechnungen der Frequenzen des Spektrums.

IV. Die Erzeugung der Spektren ist ein Quantenprozeß.

V. Ein gegebenes Atom kann in verschiedenen stationären Zuständen existieren; in diesen Zuständen strahlt das Atom nicht.

VI. Der Drehimpuls ist in Einheiten von $\hbar$ gequantelt.

VII. Wenn eine Spektrallinie erzeugt wird, spielen zwei stationäre Zustände eine Rolle, und die Spektralterme können aus den Energien der stationären Zustände bestimmt werden.

VIII. Sowohl bei der Emission als auch bei der Absorption ist ein Lichtquant beteiligt, und seine Frequenz ist durch die PLANCK-EINSTEINsche Beziehung (4.8) bestimmt.

IX. Es ist unmöglich, sich klassisch das Verhalten eines Atoms bei einem Übergang vorzustellen oder zu erklären.

Viele dieser Merkmale sind schon durch frühere Bearbeiter betrachtet worden. Zum Beispiel hat CONWAY (1907) angenommen, daß ein einzelnes Atom (und wahrscheinlich ein einzelnes Elektron) eine einzelne Spektrallinie erzeugt, wenn es sich genügend lange in einem angeregten Zustand befindet, um einen halbwegs langen Wellenzug zu emittieren. NICHOLSON hat in einer langen Reihe von Arbeiten (1911 a, b; 1912a, b, c) versucht — mit einigem Erfolg, der jedoch, wie wir wissen, zufällig war —, die Atomspektren mit dem RUTHERFORDschen Atommodell zu erklären. Er benutzte das Wirkungsquantum und nimmt an, daß verschiedene Spektrallinien durch das Atom in verschiedenen Zuständen erzeugt werden, die durch diskrete Werte der Energie und des Drehimpulses charakterisiert werden. Er deutete sogar an — ohne völlig zu erfassen, was er tat —, daß zwei Zustände an der Erzeugung einer Spektrallinie beteiligt sind.[1]) Die Quantelung des Drehimpulses wurde von EHRENFEST (1913) in einer Arbeit über die Quantentheorie der Rotation unabhängig entdeckt.[2]) Daraus wird klar — ebenso wie aus ROSENFELDS Bericht über die Entwicklung der BOHRschen Idee —, daß verschiedene für BOHRS Theorie wesentliche Ideen in der Luft lagen; dennoch war BOHRS

[1]) Ich finde, daß ROSENFELD (1963) NICHOLSONS Arbeit zu sehr unterbewertete. BOHRS erfinderischer Schritt eines Verzichts auf eine klassische Beschreibung des Emissionsvorgangs überstieg die Arbeit einiger seiner Vorgänger so weit, daß man deren Beitrag leicht unterschätzt.

[2]) Während BOHRS erste Arbeit im April vorgelegt und im Juli veröffentlicht wurde, hatte EHRENFEST seine im Juni veröffentlichte Arbeit im Mai unterbreitet.

Genius erforderlich, um diese zusammenzufügen und ihnen die charakteristischen Merkmale zu verleihen, nach denen eine Beschreibung des Emissionsvorganges unmöglich ist und es stationäre Zustände gibt, in denen das Atom keine Strahlung emittiert. Diese Vereinigung derjenigen Merkmale der alten Theorie, die übernommen werden können, mit denjenigen neuen Konzeptionen, die notwendig waren, um die Theorie in Übereinstimmung mit den experimentellen Tatsachen zu bringen, ist charakteristisch für Bohrs Arbeit.

Wir haben in einem früheren Kapitel gesagt, wie lange es dauerte, bis die wissenschaftliche Welt die Bedeutung der Planckschen Arbeiten erkannte. Es ist in diesem Zusammenhang interessant, die gewandelte Atmosphäre des Jahres 1913 zu betrachten. Obwohl Bohrs Theorie Ideen enthielt, die ebenso revolutionär waren wie Plancks Einführung der Energiequantelung, war der Widerhall jetzt weitaus positiver. Es ist wahr, daß weder J. J. Thomson noch Lorentz die Theorie sofort akzeptierten und Lord Rayleigh selbst sich ihr nicht anvertraute, „weil Leute über 60 keine neuen Entwicklungen beurteilen sollten“. Sommerfeld (Sommerfeld und Bopp, 1951) erzählt jedoch, daß der Spektroskopiker Paschen Bohrs Arbeit als die möglicherweise für die nächsten Jahrzehnte interessanteste Arbeit der Physik ansah, während Rosenfeld (1963) über die günstigen Reaktionen von Hevesy, Oseen und Sommerfeld berichtet. Als Einstein hörte, daß Evans Experimente die Bohrsche Interpretation des von Pickering gefundenen Spektrums als Spektrum des ionisierten Heliums bestätigten, reagierte er so: „Das ist eine der größten Entdeckungen.“ Vielleicht können wir dieses Kapitel beschließen, indem wir noch einmal Einstein (1951) zitieren. Nach Erwähnung der ernsten Widersprüche zwischen den Strahlungserscheinungen und der klassischen Dynamik fährt Einstein fort:

„Alle meine Versuche, die theoretische Grundlage der Physik dieser neuen Art von Wissen anzupassen, schlugen fehl. Es war, als ob einem der Boden unter den Füßen weggezogen wird, ohne daß anderswo eine feste Grundlage zu sehen war, auf die man sich hätte stützen können. Daß diese unsichere und widersprüchliche Grundlage genügte, um einen Mann von Bohrs einzigartigem Instinkt und Einfühlungsvermögen zu befähigen, die wichtigsten Gesetze der Spektrallinien zu entdecken ..., erschien mir wie ein Wunder — und erscheint mir sogar heute wie ein Wunder. Das ist die höchste Form der Musikalität in der Sphäre der Gedanken.“

KAPITEL V

Die Atomspektren in der alten Quantentheorie

Zwischen dem Erscheinen der BOHRschen großen Trilogie im Jahre 1913 und der Einführung der Wellenmechanik im Jahre 1925 ist eine große Zahl von Arbeiten erschienen, die BOHRS Ideen zu einer eindrucksvollen Theorie der atomaren Erscheinungen weiterentwickelten. Es war eine kollektive Leistung; die Namen der beteiligten Physiker, die eine bedeutende Rolle dabei spielten, sind: BOHR, BORN, KLEIN, ROSSELAND, KRAMERS, PAULI, SOMMERFELD, PLANCK, EINSTEIN, EHRENFEST, EPSTEIN, DEBYE, SCHWARZSCHILD, WILSON, ...

In dem vorliegenden Kapitel wollen wir die Theorie der Atomspektren diskutieren, die vor allem auf den beiden folgenden Postulaten (s. die Punkte V., VII. und VIII. des vorigen Kapitels) basiert[1]):

I. Ein atomares System kann — und kann nur — in gewissen Zuständen, die einem diskontinuierlichen Satz von Energiewerten entsprechen, dauerhaft existieren. Jede Energieänderung des Systems, einschließlich der Emission und Absorption elektromagnetischer Strahlung, kann nur durch einen vollständigen Übergang zwischen zwei solchen Zuständen erfolgen. Diese Zustände sollen als „stationäre Zustände" des Systems bezeichnet werden.

II. Die bei einem Übergang zwischen zwei stationären Zuständen absorbierte oder emittierte Strahlung ist „uni-

---

[1]) Wir zitieren hier aus der ersten der drei umfassenden Übersichtsarbeiten von BOHR (1918a, b, 1922a), die in den Proceedings of the Danish Academy veröffentlicht wurden.

frequent“ und hat die Frequenz ν, die durch die Beziehung

$$E' - E'' = h\nu \tag{5.1}$$

gegeben ist; darin ist h das PLANCKsche Wirkungsquantum, E' und E'' sind die Energiewerte der beiden entsprechenden Zustände.

Diese Postulate selbst genügen noch nicht, um die stationären Zustände zu bestimmen. Wir haben im vorigen Kapitel gesehen, wie BOHR einen Ausdruck für die Energien der stationären Zustände des Wasserstoffatoms aus der Forderung ableitete, daß der Drehimpuls gequantelt ist. Es erhob sich danach die Frage, ob diese Forderung ausreichend ist und ob sie immer die richtige Bedingung sein wird. Zuerst müssen wir den inneren Widerspruch, der allen diesen Überlegungen innewohnt, noch einmal unterstreichen. Wir versuchen, Prinzipien und Regeln zu finden, die die stationären Bahnen charakterisieren, d. h. solche *klassische* Bahnen, die quantenmechanisch erlaubt sind und sich gleichzeitig in einer sehr unklassischen Weise verhalten, da sie ihre Energie nicht durch Emission elektromagnetischer Strahlung ändern. Man sollte solche Regeln wie die adiabatische Hypothese (s. unten) oder das Korrespondenzprinzip nicht so betrachten, als sollte die klassische mit der Quantentheorie vereinbar werden; sie stellen vielmehr einen Versuch dar, einen Weg nach vorn zu einer vollständigen quantenmechanischen Formulierung zu finden, so wie sie von SCHRÖDINGER und HEISENBERG gefunden wurde. Eine ähnliche Frage erhebt sich im Zusammenhang mit der schwarzen Strahlung. Wir haben gesehen, wie man mit der Quantentheorie die Energiedichte des Strahlungsfeldes beschreiben kann. Andererseits führten rein klassische Argumente (vgl. Kapitel I) sowohl zum WIENschen Verschiebungsgesetz (1.1) als auch zum STEFAN-BOLTZMANNschen Gesetz (1.6). Den Schlüssel zur Lösung dieses offensichtlichen Widerspruches sowie einen Hinweis auf den Weg, den man verfolgen muß, um die stationären Bahnen zu finden, kann man in unserer Erörterung in Kapitel I[1]) finden. Der wesentliche Punkt dabei war, daß sowohl die Zustände des elektromagnetischen Feldes als auch die stationären Zustände durch eine Menge ganzer Zahlen charakterisiert werden [s. Gleichung (1.7)]. Für die stationären Zustände heißen die ganzen Zahlen *Quantenzahlen.* Wenn wir das System einer (unendlich) langsamen Änderung — einer adiabatischen Änderung — unterwerfen, muß es im gleichen stationären Zustand verbleiben, oder es muß aus seinem ursprünglichen stationären Zustand in einen neuen Zustand übergehen, der unter den neuen Bedingungen ebenfalls stationär ist, dieser Übergang muß jedoch kontinuierlich und glatt erfolgen.[2]) Die Quantenzahlen für den neuen stationären Zustand müssen dieselben wie für den alten Zustand sein. Um die *Quantisierungsvorschriften* zu erhalten, d. h. die Beziehungen, aus denen die stationären Bahnen berechnet werden können, müssen wir jetzt Größen finden, die bei adiabatischen Änderungen des Systems invariant sind. Solche Größen heißen *adiabatische Invarianten.* Wenn es sich um sogenannte mehrfach periodische Systeme handelt, d. h. um Systeme, wo jede der Koordinaten zu ihrem Anfangswert zurückkehrt oder eine Winkelvariable ist, sind diese adiabatischen Invarianten die *Phasenintegrale* J_k der klassischen Mechanik.

Wir wollen kurz rekapitulieren, was uns die klassische Mechanik über die Phasenintegrale lehrt (s. z. B. BORN, 1927, oder TER HAAR, 1961). Das Verhalten eines klassischen Systems mit s Freiheitsgraden ist vollständig bestimmt, wenn wir wissen, wie seine s verallgemeinerten Koordinaten q_k von der Zeit ab-

[1]) Die ausführlichste Diskussion dieses Punktes kann man wahrscheinlich in einer Arbeit von EHRENFEST (1923; s. auch BOHR, 1918a, b) finden, wo auch Hinweise auf frühere Literatur gegeben werden.

[2]) Die Änderungsgeschwindigkeit der Bedingung muß so klein sein, daß die relevanten Frequenzen, verglichen mit den bei Übergängen zwischen stationären Zuständen auftretenden Frequenzen, alle klein sind.

hängen. Die q_k sind s Parameter und beschreiben den Zustand des Systems vollständig. Wenn T die kinetische und U die potentielle Energie des Systems sind, können die Bewegungsgleichungen für die q_k in der Form

$$\frac{\mathrm{d}}{\mathrm{d}t}\frac{\partial \mathscr{L}}{\partial \dot{q}_k} - \frac{\partial \mathscr{L}}{\partial q_k} = 0, \qquad k = 1, \ldots, s \tag{5.2}$$

geschrieben werden, wobei $\mathscr{L}$ die LAGRANGE-Funktion für das System ist:

$$\mathscr{L} = T - U. \tag{5.3}$$

Die Gleichungen (5.2) sind s Differentialgleichungen zweiter Ordnung für die q_k. Es ist bequemer, zu $2s$ Differentialgleichungen erster Ordnung überzugehen, indem man durch die Gleichungen

$$p_k = \frac{\partial \mathscr{L}}{\partial \dot{q}_k} \tag{5.4}$$

die *verallgemeinerten Impulse* p_k einführt. Die Bewegungsgleichungen werden so zu den kanonischen oder HAMILTONschen Bewegungsgleichungen:

$$\dot{p}_k = -\frac{\partial \mathscr{H}}{\partial q_k}, \qquad \dot{q}_k = \frac{\partial \mathscr{H}}{\partial p_k}, \tag{5.5}$$

worin $\mathscr{H}$ die HAMILTON-Funktion

$$\mathscr{H} = \sum p_k \dot{q}_k - \mathscr{L} \tag{5.6}$$

des Systems ist. In vielen Fällen ist $\mathscr{H}$ gerade die Gesamtenergie $T + U$, ausgedrückt durch p_k und q_k.

Die Gleichungen (5.5) sind oft schwierig zu lösen, und man kann, um sie zu vereinfachen, folgendermaßen vorgehen. Wir führen die Funktion $S(q_k; \alpha_k)$ von den q_k und s neuen Variablen α_k ein und transformieren die p_k und q_k entsprechend

$$p_k = \frac{\partial S}{\partial q_k}, \qquad \beta_k = \frac{\partial S}{\partial \alpha_k} \tag{5.7}$$

in einen neuen Satz von Variablen α_k und β_k. Die Bewegungsgleichungen behalten ihre kanonische Form:

$$\dot{\alpha}_k = -\frac{\partial \overline{\mathscr{H}}}{\partial \beta_k}, \qquad \dot{\beta}_k = \frac{\partial \overline{\mathscr{H}}}{\partial \alpha_k}. \tag{5.8}$$

$\overline{\mathscr{H}}$ ist die durch α_k und β_k ausgedrückte HAMILTON-Funktion. Die Erzeugende S der Transformation ist dabei so gewählt, daß die β_k nicht in $\overline{\mathscr{H}}$ enthalten sind. In diesem Falle folgt aus Gleichung (5.8), daß die α_k Konstanten und die β_k lineare Funktionen der Zeit sind.

Wir betrachten jetzt eine eindimensionale periodische Bewegung mit der Periode τ. Die Lösung der Gleichung für β sei in der Form

$$\beta = \gamma(t - t_0) \tag{5.9}$$

gegeben. Die Periodizität der Bewegung kann durch die Gleichung[1])

$$q(\beta + \gamma\tau) = q(\beta) \tag{5.10}$$

ausgedrückt werden.

Betrachten wir jetzt eine weitere Transformation von α und β mit der Erzeugenden $S' = J\beta/\gamma\tau$ zu den neuen Variablen J und w. Aus den der Beziehung (5.7) entsprechenden Gleichungen finden wir

$$J = \alpha\gamma\tau \quad \text{und} \quad w = \beta/\gamma\tau, \tag{5.11}$$

während Gleichung (5.10) zu

$$q(w + 1) = q(w) \tag{5.12}$$

wird.

Da beide Transformationen zusammen die Bewegungsgleichungen unverändert lassen, können sie durch eine Funktion $\overline{S}(q, J)$ erzeugt werden, die p und q mit J und w folgendermaßen verknüpft:

$$p = \frac{\partial \overline{S}}{\partial q}, \qquad w = \frac{\partial \overline{S}}{\partial J}. \tag{5.13}$$

Aus diesen Gleichungen folgt

$$\frac{\partial}{\partial J}\oint p\,\mathrm{d}q = \frac{\partial}{\partial J}\oint \frac{\partial \overline{S}}{\partial q}\,\mathrm{d}q = \oint \frac{\partial w}{\partial q}\,\mathrm{d}q = \oint \mathrm{d}w = 1, \tag{5.14}$$

---

[1]) Wir schließen hier den Fall aus, daß q ein Winkel und die periodische Bewegung eine Rotation ist. In diesem Fall gilt anstelle der Gleichung (5 10) die Beziehung $q(\beta + \gamma\tau) = q(\beta) + 2\pi$. Die weitere Behandlung ist der hier gegebenen völlig analog und sei daher dem Leser überlassen.

worin $\oint$ die Integration über eine Periode bedeutet. Aus Gleichung (5.14) erhalten wir

$$J = \oint p \, \mathrm{d}q. \tag{5.15}$$

Da J und w die Dimensionen eines Drehimpulses oder einer Wirkung bzw. eines Winkels haben, heißen sie *Wirkungs-* und *Winkelvariable*. J wird auch als *Phasenintegral* bezeichnet.

Wenn es sich um Systeme mit mehreren Freiheitsgraden handelt und die HAMILTON-JACOBIschen Gleichungen durch Separation der Variablen gelöst werden können, weil das System für alle q_k periodisch ist, sind die Wirkungsvariablen des Systems durch die Gleichung

$$J_k = \oint p_k \, \mathrm{d}q_k \tag{5.16}$$

gegeben, worin $\oint$ die Integration über die q_k entsprechende Periode bedeutet.

BURGERS (1917, 1918) hat gezeigt, daß die durch Gleichung (5.16) gegebenen Phasenintegrale tatsächlich adiabatische Invarianten sind. Wir werden hier keinen Beweis geben, sondern verweisen den Leser auf die Literatur (z. B. TER HAAR, 1961 § 6.3; TOMONAGA, 1962, § 19).

Da die J_k adiabatische Invarianten sind, können sie zur Bestimmung der stationären Bahnen verwendet werden. Das geschieht durch die SOMMERFELD-WILSONschen Phasenintegralquantisierung (SOMMERFELD, 1915a, b, 1916; WILSON, 1915)

$$J_k = \oint p_k \, \mathrm{d}q_k = n_k h, \tag{5.17}$$

wobei die Quantenzahlen n_k ganzzahlig sind.

Als erste Anwendung der Quantisierungsvorschrift (5.17) wollen wir das Wasserstoffatom betrachten. Die q_k sind in diesem Falle die Polarkoordinaten r, Θ und Φ; die LAGRANGE-Funktion ist

$$\mathcal{L} = {}^1\!/_2\, m\,(\dot{r}^2 + r^2\dot{\Theta}^2 + r^2 \sin^2 \Theta \dot{\Phi}^2) + \frac{e^2}{r}. \tag{5.18}$$

Die p_k sind durch die Gleichungen

$$p_r = m\dot{r}, \tag{5.19}$$

$$p_\Theta = mr^2\dot{\Theta}, \tag{5.20}$$

$$p_\Phi = mr^2 \sin^2 \Theta\dot{\Phi} \tag{5.21}$$

gegeben, und der HAMILTON-Operator ist

$$\mathcal{H} = \frac{1}{2m}\left(p_r^2 + \frac{p_\Theta^2}{r^2} + \frac{p_\Phi^2}{r^2 \sin^2 \Theta}\right) - \frac{e^2}{r}. \tag{5.22}$$

Aus Gleichung (5.22) und der Bewegungsgleichung folgt, daß p_Φ eine Konstante ist. Wenn wir von Polarkoordinaten zu kartesischen Koordinaten mit der z-Achse als Polarachse übergehen, sehen wir, daß p_Φ die z-Komponente M_z des Drehimpulses ist. Aus Gleichung (5.17) folgt nun

$$n_\Phi h = \oint p_\Phi \, \mathrm{d}\Phi = 2\pi p_\Phi \tag{5.23}$$

oder

$$M_z = p_\Phi = n_\Phi \hbar, \tag{5.24}$$

was die Quantelung der z-Komponente des Drehimpulses bedeutet. n_Φ wird üblicherweise mit m bezeichnet und heißt *magnetische Quantenzahl* (den Grund für diese Bezeichnung werden wir später sehen).

Wir befassen uns jetzt mit dem Drehimpulsquadrat M^2 und finden

$$M^2 = ([\boldsymbol{r} \times m\dot{\boldsymbol{r}}] \cdot [\boldsymbol{r} \times m\dot{\boldsymbol{r}}]) = p_\Theta^2 + \frac{p_\Phi^2}{\sin^2 \Theta}. \tag{5.25}$$

Aus den Bewegungsgleichungen (5.5) ersehen wir, daß M^2 eine Konstante der Bewegung ist. Gleichung (5.17) liefert

$$n_\Theta h = J_\Theta = 2\int\limits_{\Theta_1}^{\Theta_2} \left[M^2 - \frac{M_z^2}{\sin^2 \Theta}\right]^{1/2} \mathrm{d}\Theta, \tag{5.26}$$

worin Θ_1 und Θ_2 diejenigen Θ-Werte sind, für die der Radikand verschwindet. Aus den Gleichungen (5.26) und (5.24) bekommen wir

$$M - |M_z| = n_\Theta \hbar \tag{5.27}$$

oder

$$M = (n_\Theta + n_\Phi)\hbar. \tag{5.28}$$

Die Summe von n_Φ und n_Θ wird üblicherweise mit k bezeichnet und heißt *azimutale* oder *Hilfsquantenzahl*. In der Wellenmechanik übernimmt die *Nebenquantenzahl* l den Platz der azimutalen Quantenzahl in der alten Quantentheorie. Wenn wir die Beziehung $l = k - 1$ verwenden, können wir einen groben Vergleich anstellen.

Unter Verwendung der Gleichungen (5.22), (5.25) und (5.17) erhalten wir für die letzte Quantisierungsvorschrift

$$n_r h = J_r = 2 \int_{r_{\min}}^{r_{\max}} \left[2mE + \frac{2me^2}{r} - \frac{M^2}{r^2}\right]^{1/2} \mathrm{d}r, \tag{5.29}$$

worin E die Energie des Elektrons und $r_{\min}$ und $r_{\max}$ die Nullstellen des Radikanden sind. In Abb. V.1 haben wir die potentielle Energie $-e^2/r$ und p_r^2 als Funktionen von r und in Abb. V.2 p_r als Funktion von r aufgetragen. Die Quantisierungsvorschrift (5.17) besagt, daß die von der Kurve in Abb. V.2 eingeschlossene Fläche gleich einem ganzzahligen Vielfachen des PLANCKschen Wirkungsquantums ist. Die Tatsache, daß h ein Maß für die Flächen in der Phasenebene ist, ist für die a-priori-Wahrscheinlichkeiten in der statistischen Mechanik von Bedeutung (siehe z. B. TER HAAR, 1954, Kapitel III); frühere Besprechungen dieses Gegenstandes findet man in DEBYES Wolfskehl-Vortrag (PLANCK u. a., 1914; s. auch BOHR, 1918a, b; EHRENFEST, 1923). Aus Gleichung (5.29) bekommen wir

$$n_r h = -2\pi M + \pi e^2 \sqrt{\left(\frac{2m}{-E}\right)} \tag{5.30}$$

oder unter Verwendung von Gleichung (5.28)

$$E = -\frac{m e^4}{2\hbar^2 (n_r + n_\Theta + n_\Phi)^2}. \tag{5.31}$$

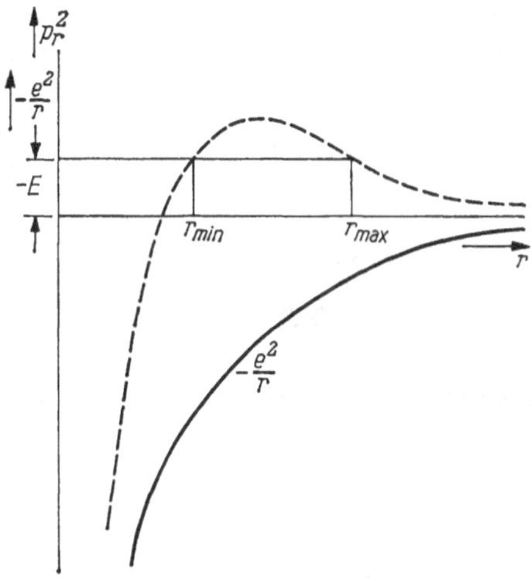

Abb. V.1. Potentielle Energie und p_r^2 als Funktion von r für das Wasserstoffatom

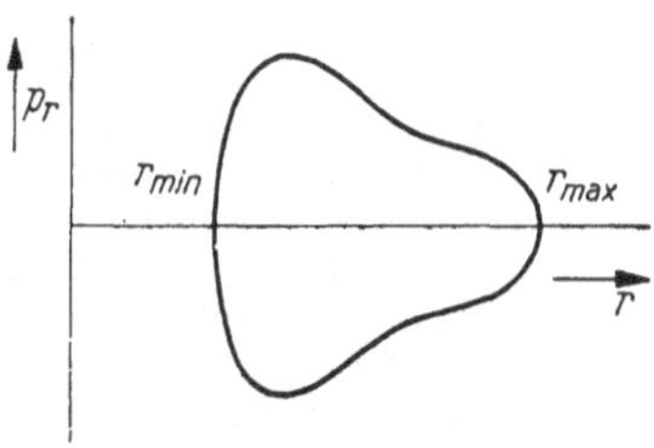

Abb. V.2. Radialimpuls p_r als Funktion von r für das Wasserstoffatom

Das stimmt mit Gleichung (4.5) überein, wenn wir $n_s + n_\Theta + n_\Phi$ mit der *Hauptquantenzahl* n identifizieren (im vorangegangenen Kapitel ist n mit τ bezeichnet worden).

Die Gleichungen (5.27) und (5.30) können durch eine elementare Integration abgeleitet werden; das Integral in (5.29) kann durch Einführen einer neuen Variablen $u\,[= (2r - r_{\min} - r_{\max})/(r_{\max} - r_{\min})]$ ausgewertet werden. Eine elegantere, auf BORN (1927) zurückgehende Methode ist jedoch die folgende. Wir überführen das Integral über r in ein Integral in der komplexen Ebene (s. Abb. V. 3). Da der Integrand eine zweideutige Funktion ist, müssen wir einen Schnitt in der r-Ebene zwischen den beiden Verzweigungspunkten $r_{\min}$ und $r_{\max}$ einführen. In Abb. V. 3 haben wir die Verzweigungsschnitte so gelegt, daß die positive (negative) Quadratwurzel über (unter) der reellen Achse liegt.

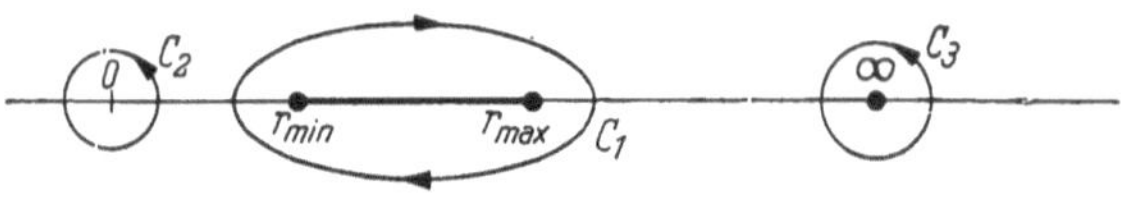

Abb. V.3. Integrationswege in der komplexen r-Ebene bei der Berechnung von J_r

Wir haben dann

$$J_r = \oint_{C_1} p_r \,\mathrm{d}r. \tag{5.32}$$

Bei Deformation von C_1 in $C_2 + C_3$ können wir das Integral mit dem Residuensatz berechnen:

$$J_r = 2\pi i(\text{Residuum bei } r = 0 + \text{Residuum bei } r = \infty), \tag{5.33}$$

woraus Gleichung (5.30) folgt. Gleichung (5.27) kann ähnlich abgeleitet werden, der leichteste Weg ist jedoch wahrscheinlich folgender: Die kinetische Energie wird einmal in die drei Beiträge entsprechend der Bewegung in r-, Θ- und Φ-Richtung und zum anderen in die drei Beiträge von Radialbewegung, tangentialer Bewegung in der Bahnebene und der Bewegung senkrecht zur Bahnebene (die nicht zur kinetischen Energie beiträgt) aufgespalten. So ergibt sich die Beziehung

$$p_r \dot{r} + p_\Theta \dot{\Theta} + p_\varphi \dot{\varphi} = p_r \dot{r} + p_\chi \dot{\chi} + 0, \tag{5.34}$$

wobei χ ein Winkel ist, der die Lage des Elektrons in seiner Bahnebene bestimmt. Die Größe p_χ ist der Gesamtdrehimpuls M, so daß

$$p_\Theta \dot{\Theta} = M - p_\varphi \dot{\varphi} \tag{5.35}$$

wird.

Da sowohl χ als auch Φ um 2π zunehmen, wenn Θ eine Periode durchläuft, folgt daraus Gleichung (5.27).

Die stationären Bahnen des Wasserstoffatoms sind durch die Werte von n_r, n_Θ und n_Φ — oder n, k und m — bestimmt. Wir haben gesehen, daß n die Energie, k den Gesamtdrehimpuls und m dessen z-Komponente bestimmen. Im allgemeinen sind die Bahnen Ellipsen. Da $r_{\min}$ und $r_{\max}$ die Lösungen der Gleichung

$$2mEr^2 + 2me^2r - M^2 = 0 \tag{5.36}$$

sind, finden wir für die große Halbachse $a\,[= {}^1/_2(r_{\min} + r_{\max})]$

$$a = -\frac{e^2}{2E} = \frac{\hbar^2}{me^2}\,n^2, \tag{5.37}$$

was mit Gleichung (4.7) übereinstimmt.

Die Exzentrizität ε der Bahn ist durch die Gleichung

$$\varepsilon = \frac{r_{\max} - r_{\min}}{r_{\max} + r_{\min}} \tag{5.38}$$

gegeben, und die kleine Halbachse b ergibt sich aus Gleichung

$$b = a\sqrt{(1 - \varepsilon^2)} = \sqrt{(r_{\min}\, r_{\max})} = \sqrt{\left(-\frac{M^2}{2mE}\right)} = \frac{\hbar^2}{me^2}\,nk. \tag{5.39}$$

Wegen $n - k = n_r$ ändert sich k von 1 bis n; der Wert $k = 0$ ist ausgeschlossen, da er einer linearen Bahn entspricht, bei der das Elektron durch den Kern fliegen würde. Diese Änderung entspricht den Grenzen 0 und $n - 1$ für l. Da n sowohl die Energie als auch die große Halbachse bestimmt, haben Bahnen mit gleichem n, aber verschiedenem k die gleiche große Halbachse, aber verschiedene Exzentrizitäten. Die Bahnen sind durch nk charakterisiert, wobei $k = 1, 2, 3, \ldots$ $(l = 0, 1, 2, \ldots)$ den s-, p-, d- ... Bahnen entsprechen (für eine Erklärung dieser Nomenklatur s. die Besprechung der Alkalispektren weiter unten); z. B. entspricht 3p einer Bahn mit $n = 3$, $k = 2$ $(l = 1)$ usw. In Abb. V.4 sind die 4s-, 4p-, 4d- und 4f-Bahnen skizziert.

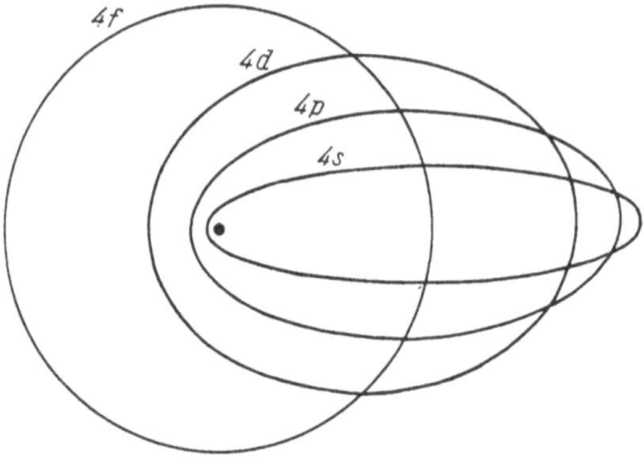

Abb. V.4. Die 4s-, 4p-, 4d- und 4f-Bahnen des Wasserstoffatoms

Wir wollen jetzt das Spektrum eines Alkalimetallatoms, z. B. des Natriums, betrachten. Das Natriumatom besteht aus einem Kern der Ladung $+11e$, umgeben von 11 Elektronen. Wenn wir aus den Beobachtungsergebnissen für das dem Wasserstoffspektrum sehr ähnliche Natriumspektrum [s. Gleichung (5.42)] folgern, daß ein einzelnes Elektron für das Spektrum verantwortlich ist, müssen wir die Bewegung des einen Elektrons im Feld des Kerns und der anderen 10 Elektronen betrachten. Eine theoretische Berechtigung dazu ist durch das Schalenmodell des Atoms gegeben, das wir in diesem Kapitel noch kurz besprechen werden. Da es keine ausgezeichnete Richtung gibt, müssen wir annehmen, daß das auf das Elektron wirkende Feld kugelsymmetrisch ist. Die potentielle Energie $U(r)$ wird in großer Entfernung vom Kern einfach $-e^2/r$ sein, da die zehn Elektronen die Kernladung bis auf $1/11$ abschirmen. In Kernnähe jedoch ist der Einfluß der anderen Elektronen zu vernachlässigen, und $U(r)$ wird durch $-11e^2/r$ gegeben sein. Wenn wir die Quantisierungsvorschrift (5.17) auf die Bewegung des Elektrons anwenden und zur Beschreibung der Bewegung Polarkoordinaten benutzen, dann können wir die Ergebnisse (5.24) und (5.28) verwenden, denn diese sind nicht an eine spezielle Form der potentiellen Energie gebunden. Aber anstelle der Gleichung (5.29) haben wir jetzt

$$n_r h = 2 \int_{r_{\min}}^{r_{\max}} \left[2mE - 2mU(r) - \frac{M^2}{r^2}\right]^{1/2} \mathrm{d}r. \qquad (5.40)$$

Da wir die explizite Form von $U(r)$ nicht kennen, kann das Integral nicht ausgerechnet werden. Es ist jedoch möglich, einige allgemeine Schlußfolgerungen aus Gleichung (5.40) abzuleiten. Dazu betrachten wir Abb. V.5.

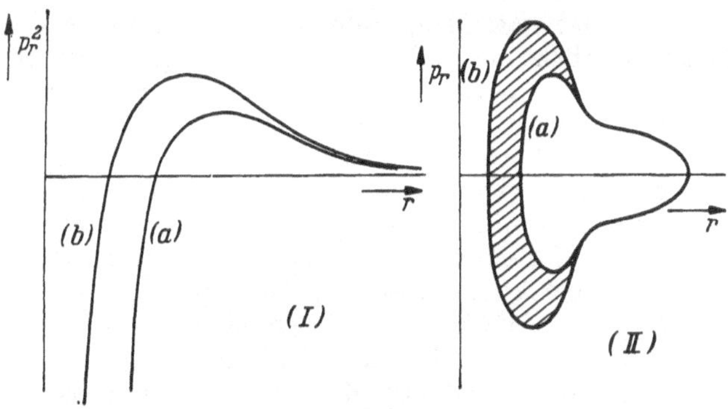

Abb. V.5. r-Abhängigkeit von p_r^2 (I) und p_r (II) für $U(r) = -e^2/r$ (a) und $U(r) =$ tatsächliche Form des Potentials im Natriumatom (b)

In dieser Abbildung haben wir p_r^2 sowohl für den Fall $(a)\, U(r) = -e^2/r$ als auch für den Fall (b), daß $U(r)$ die im Natriumatom wirklich vorliegende Form hat, aufgezeichnet. Ebenso sind die entsprechenden Kurven im p_r-r-Diagramm eingezeichnet worden. Nach Gleichung (5.40) ist die von Kurve (b) in Abb. V.5 (II) eingeschlossene Fläche gleich $n_r h$. Wenn die schraffierte Fläche zwischen den Kurven (a) und (b) gleich αh ist, haben wir

$$(n_r - \alpha) h = 2 \int_{r_{\min}}^{r_{\max}} \left[2mE + \frac{2me^2}{r} - \frac{M^2}{r^2}\right]^{1/2} \mathrm{d}r. \qquad (5.41)$$

Indem wir Schritt für Schritt der Beweisführung von Gleichung (5.29) zu Gleichung (5.31) folgen, finden wir für die Energie des Elektrons auf der durch n_r, n_Θ und n_Φ charakterisierten stationären Bahn

$$E = -\frac{me^4}{2\hbar^2 (n - \alpha)^2}, \qquad (5.42)$$

worin wieder $n = n_r + n_\Theta + n_\Phi$ ist. Die Größe α heißt *Quantendefekt*. Wir sehen, daß α ein Maß für die Abweichung der stationären Bahn von der entsprechenden Wasserstoffbahn darstellt oder, anders ausgedrückt, ein Maß für das Eindringen der Bahn in die Elektronenschale, die durch die anderen Elektronen um den Kern herum gebildet wird. Man sollte erwarten, daß α stark von der azimutalen Quantenzahl abhängen wird, weil sich bei einer Änderung von M die Zentrifugalkraft und damit auch das effektive Potential ändern. Wir würden mit anderen Worten erwarten, daß eine Bahn mit kleinerem k tiefer in die inneren Schalen eintaucht, wie z. B. aus Abb. V.4 zu ersehen ist. Die Größe $n - \alpha = n^*$ heißt effektive Quantenzahl. Ferner kann man die Gleichung (5.42) auch so interpretieren, daß man $Z^{*2} e^4/n^2$ für e^4/n^{*2} schreibt und dann sagt, die effektiv auf das

Elektron wirkende Ladung sei größer als die in großer Entfernung vom Kern wirksame Ladung.

Gleichung (5.42) gibt die Energieniveaus des Natriumatoms recht gut wieder. In Wirklichkeit besteht das Natriumspektrum aus einer Anzahl von Linienserien, deren Frequenzen die folgende Gleichung erfüllen [s. Gleichung (4.1)]:

$$\nu = Rc\left[\frac{1}{(n_1 - \alpha_1)^2} - \frac{1}{(n_2 - \alpha_2)^2}\right]. \qquad (5.43)$$

Die sogenannte Hauptserie entspricht

$$n_1 = 3, \quad \alpha_1 = 1{,}4; \quad n_2 = 3, 4, \ldots, \quad \alpha_2 \approx 0{,}9; \qquad (5.44)$$

die sogenannte scharfe Serie

$$n_1 = 3, \quad \alpha_1 = 0{,}9; \quad n_2 = 4, 5, \ldots, \quad \alpha_2 \approx 1{,}4; \qquad (5.45)$$

die sogenannte diffuse Serie

$$n_1 = 3, \quad \alpha_1 = 0{,}9; \quad n_2 = 3, 4, \ldots, \quad \alpha_2 \approx 0{,}01; \qquad (5.46)$$

und die sogenannte Bergmann- (oder fundamentale) Serie

$$n_1 = 3, \quad \alpha_1 = 0{,}01; \quad n_2 = 4, 5, \ldots, \quad \alpha_2 \approx 0{,}002. \qquad (5.47)$$

Das kann man in einem Termschema oder Grotrian-Diagramm wie in Abb. V.6 veranschaulichen. In diesem Schema sind die durch Gleichung (5.42) gegebenen Energien und die zugehörigen n-Werte eingetragen. Ferner sind die Energien, die die Spektralserien (5.44) bis (5.47) hervorrufen, miteinander verbunden worden. Das führt dazu, daß die Energien in der mit „s" bezeichneten Spalte den n1-Bahnen entsprechen, die in der „p"-Spalte den n2-Bahnen, die in der „d"-Spalte den n3-Bahnen und die in der „f"-Spalte den n4-Bahnen. Die Nomenklatur s, p, d, f wurde eingeführt, weil diese Niveaus zur „*s*harp series, „*p*rincipal series", „*d*iffuse series“ und „*f*undamental series“ (englische Bezeichnung für scharfe, Haupt-, diffuse und BERGMANN-Serien) führen. Die Tatsache, daß nur die Energieniveaus verknüpft werden, die in benachbarten Spalten stehen, wird durch die sogenannten *Auswahlregeln* bedingt. Eine davon lautet, daß bei einem Übergang k entweder um 1 größer oder kleiner werden muß. Wir werden die Auswahlregeln im nächsten Kapitel behandeln. Aus den Gleichungen (5.44) bis (5.47) entnehmen wir, daß α tatsächlich mit wachsendem k kleiner wird und dabei für $k = 1, 2, 3$ und 4 Werte 1,4; 0,9; 0,01 bzw. 0,002 annimmt.

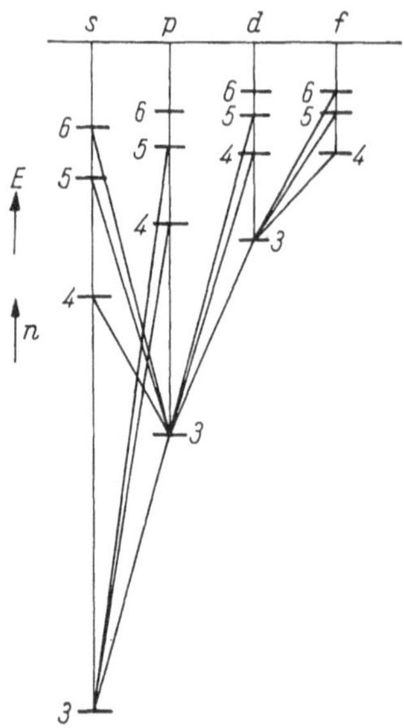

Abb. V.6. GROTRIAN-Diagramm für Natrium

Vor der Besprechung des Schalenmodells des Atoms wollen wir kurz das Verhalten eines Atoms in einem Magnetfeld behandeln. Betrachten wir den Fall eines homogenen Magnetfeldes $\boldsymbol{H}$. Wir wissen aus der klassischen Mechanik (z. B. TER HAAR, 1961), daß wir den Einfluß eines Magnetfeldes berücksichtigen können, indem wir $\boldsymbol{p}^2$ in der kinetischen Energie durch $(\boldsymbol{p} - e\boldsymbol{A}/c)^2$ ersetzen, wobei $\boldsymbol{A}$ das Vektorpotential ist. Im Falle eines homogenen Feldes können wir für $\boldsymbol{A}$ die Form

$$\boldsymbol{A} = {}^1/_2[\boldsymbol{H} \times \boldsymbol{r}] \tag{5.48}$$

wählen. Wenn das Feld genügend schwach ist, so daß wir die quadratischen Terme in $\boldsymbol{H}$ vernachlässigen können, erhalten wir anstelle der (5.22) entsprechenden Gleichung für den HAMILTON-Operator die Beziehung

$$\begin{aligned}\mathcal{H} &= \frac{1}{2m}\left(\boldsymbol{p} - \frac{e\boldsymbol{A}}{c}\right)^2 + U(r)\\ &= \frac{1}{2m}\left(p_r^2 + \frac{p_\Theta^2}{r^2} + \frac{p_\Phi^2}{r^2 \sin^2\Theta}\right) - \frac{e}{2mc} H p_\Phi + U(r),\end{aligned} \tag{5.49}$$

worin H der Betrag von $\boldsymbol{H}$ ist. Da Φ in $\mathcal{H}$ nicht enthalten ist, ist p_Φ wieder eine Konstante der Bewegung, und Gleichung (5.24) ist wiederum gültig. Wenn wir den Term mit H als eine kleine Störung betrachten, sehen wir, daß die Energie der stationären Zustände um ΔE geändert wird:

$$\Delta E = -\frac{eH}{2mc} n_\Phi \hbar = -n_\Phi \mu_\mathrm{B} H, \tag{5.50}$$

worin μ_B das sogenannte BOHRsche Magneton ist:

$$\mu_\mathrm{B} = \frac{e\hbar}{2mc}. \tag{5.51}$$

Aus Gleichung (5.50) sehen wir, weshalb n_Φ magnetische Quantenzahl heißt. Die Auswahlregel für n_Φ besagt, daß n_Φ bei einem Übergang um 1 größer oder um 1 kleiner werden oder unverändert bleiben kann. Wenn wir folglich die Frequenz der Spektrallinie, ohne äußeres Magnetfeld emittiert, mit der entsprechenden Linie, emittiert in einem äußeren Magnetfeld, vergleichen, finden wir, daß sie in ein Triplett aufgespalten ist, nämlich in die unveränderte Zentrallinie und zwei andere Linien rechts und links davon im (Frequenz-) Abstand $\mu_B H/h$. Das ist das normale ZEEMAN-Triplett, für das LORENTZ eine einfache klassische Erklärung in Form von Termen einer Präzession der Bahnebenen gegeben hat (siehe z. B. HINDMARSH, 1966).

Wir wollen dieses Kapitel mit einer Betrachtung des Schalenmodells des Atoms abschließen. Abb. V.7 zeigt

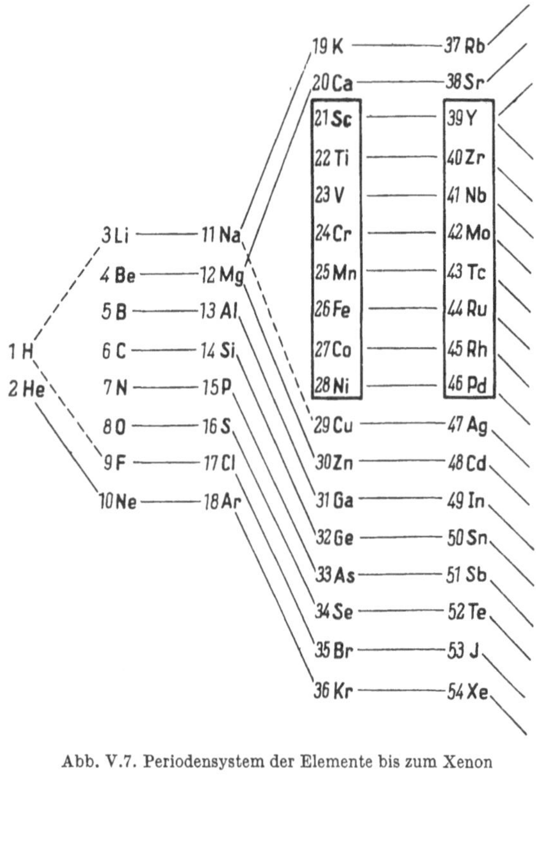

Abb. V.7. Periodensystem der Elemente bis zum Xenon

das Periodensystem der Elemente bis zum Xenon. In dieser Abbildung sind Elemente mit ähnlichen chemischen Eigenschaften in verschiedenen Perioden durch Linien verbunden. Die ersten sechs Perioden enthalten 2, 8, 8, 18, 18 bzw. 32 Elemente. Zwar konnte BOHR (1921, 1922b) die Struktur des Periodensystems aus den Regelmäßigkeiten der Atomspektren, die zeigen, daß nur ein paar Elektronen des Atoms für die Spektrallinien verantwortlich sind, sowie den Ähnlichkeiten, die die verwandten Elemente in den Linien in Abb. V.7 zeigen, erklären. Eine befriedigende Erklärung gelingt jedoch nur mit Hilfe des PAULI-Prinzips (PAULI, 1925b, nachgedruckt in diesem Band, S. 229). Wir wollen kurz erörtern, wie PAULI zu diesem Prinzip gelangte (für eine eingehendere Besprechung der Geschichte des PAULI-Prinzips s. WHITTAKER, 1954, Kapitel IV, oder PAULI, 1946). Die BOHRsche Theorie konnte die Dublettstruktur der Alkaliatome nicht erklären. Die gemessenen Spektren weisen darauf hin, daß es doppelt so viele Quantenzustände gibt, wie von der BOHRschen Theorie vorhergesagt werden. Ebensowenig konnte die Theorie den anomalen ZEEMAN-Effekt erklären. Man dachte lange Zeit, daß das Dublett durch die Existenz zweier alternativer Zustände des Atomkerns hervorgerufen würde. PAULI (1915a) zeigte jedoch, daß dies zu einer Abhängigkeit des ZEEMAN-Effektes von der Ordnungszahl führen müßte, was nicht beobachtet wurde. Er schlug vor, daß das Dublett durch eine neue quantentheoretische Eigenschaft des Elektrons, die er eine klassisch nicht beschreibbare Zweideutigkeit nannte, hervorgerufen würde. Die endgültige Erklärung dieser Zweideutigkeit und damit der Dublettstruktur der Alkalispektren gaben UHLENBECK und GOUDSMIT (1926, diese Arbeit ist wiedergegeben bei HINDMARSH, 1966) mit ihrer Annahme, daß das Elektron einen Eigendrehimpuls (Spin) und ein magnetisches Moment besitzt. Bei dem Versuch, das Periodensystem der Elemente zu erklären, wies BOHR Gruppen von Elektronen mit bestimmten Quantenzahlen n und l Elektronenzahlen zu, die mit dem

Auffüllungsgrad der Schalen variierten (s. Tabelle 1 von Pauli, 1925b, nachgedruckt in diesem Band, S. 242). Stoner (1924) führte eine besondere Quantenzahl ein, die früher zur Charakterisierung der Röntgenspektren verwendet wurde (und in der heutigen Bezeichnung $l \pm {}^1/_2$ oder j entspricht), und schlug vor, daß jeder Zustand von $2j + 1$ Elektronen besetzt werden könnte (s. Tabelle 2 von Pauli, 1925b, nachgedruckt in diesem Band, S. 242). Er schlug auch vor, daß für einen gegebenen Wert von n die Zahl der Energieniveaus eines einzelnen Elektrons in den Alkalimetallspektren unter der Wirkung eines äußeren Magnetfeldes gleich der Elektronenzahl in der abgeschlossenen Schale des Edelgases mit diesem Wert von n ist. Pauli schlug dann vor, daß in starken Magnetfeldern, wenn wir jedem Elektron die vier Quantenzahlen n, l, j und die magnetische Quantenzahl m zuordnen können, jeweils nur ein Elektron mit einem bestimmten Satz von Quantenzahlen existieren kann. Unter Verwendung des Bohrschen Prinzips der Beständigkeit der Quantenzahlen schlug Pauli vor, daß die einer bestimmten Untergruppe zugewiesene Elektronenzahl auch in schwachen oder verschwindenden Feldern gleich bleiben sollte. Bezüglich Paulis Argumentation, die experimentelle Ergebnisse zugunsten seines Vorschlages anführt, verweisen wir auf seine in diesem Band nachgedruckte Arbeit. Um das Periodensystem stufenweise aufzubauen, wollen wir anstelle von n, l, j und m den äquivalenten Satz n, l, m und m_s (Spinquantenzahl) verwenden, wobei $m_s \hbar$ die z-Komponente des Elektronenspins ist, $m_s = +{}^1/_2$ oder $-{}^1/_2$. Ferner verwenden wir die Tatsache, daß l für einen gegebenen Wert von n die Werte $0, 1, \ldots, n - 1$ annehmen kann. Die möglichen Werte von m für ein gegebenes l sind $-l$, $-l + 1, \ldots, l - 1, l$, während m_s entweder $+{}^1/_2$ oder $-{}^1/_2$ sein kann. Wir können nun das Periodensystem aufbauen (vgl. auch Paulis Darstellung in Pauli, 1925b).

Um uns festzulegen, wollen wir das Natriumatom betrachten und dieses durch sukzessiven Einbau der Elektronen in das Kernfeld konstruieren. Das erste Elektron geht in eine 1s-Bahn, ebenso das zweite Elektron. Ihre Quantenzahlen sind $n = 1$, $l = 0$, $m = 0$ und $m_s = +^1/_2$ und $-^1/_2$. Das dritte Elektron kann nicht in eine Bahn mit $n = 1$ aufgenommen werden, sondern muß in eine Bahn mit $n = 2$ gebracht werden. Wir haben früher besprochen, daß eine s-Bahn näher zum Kern vordringt als eine p-Bahn und deshalb einer größeren Bindungsenergie entspricht, wenn bereits andere Elektronen vorhanden sind. Das dritte und vierte Elektron werden dann in die 2s-Bahnen eingebaut ($n = 2$, $l = 0$, $m = 0$, $m_s = \pm^1/_2$). Das fünfte Elektron wird in eine 2p-Bahn eingebracht, ebenso wie das sechste bis zehnte Elektron, entsprechend $n = 2$, $l = 1$, $m = 1, 0, -1$ und $m_s = \pm^1/_2$. Diese zehn Elektronen zusammen füllen die *Schalen* mit $n = 1$ und $n = 2$, und die Spektroskopie zeigt, daß solche gefüllte oder abgeschlossene Schalen extrem stabile Konfigurationen darstellen. Sie sind die Grundzustandskonfigurationen der Edelgase, die als chemisch inaktiv bekannt sind.

Das Auffüllen der verschiedenen möglichen Elektronenbahnen setzt sich ohne Komplikationen fort, bis alle 3p-Bahnen aufgefüllt sind. Das neunzehnte Elektron jedoch geht lieber in eine 4s-Bahn als in eine 3d-Bahn; der Grund dafür ist, daß der Quantendefekt für eine 4s-Bahn so groß ist, daß die effektive Quantenzahl für die 4s-Bahn kleiner ist als für die 3d-Bahn. Die effektive Quantenzahl für die 3d-Bahn ist jedoch kleiner als für die der 4p-Bahn, so daß zwischen Skandium und Kupfer die 3d-Unterschale aufgefüllt wird. Diese Reihe von Elementen bilden die sogenannten Übergangsmetalle. In der Tabelle auf S. 84 haben wir für alle Elemente bis zum Xenon die Elektronenkonfiguration zum Grundzustand angegeben (vgl. auch Tab. 2 auf S. 242).

Es erhebt sich nun die Frage, weshalb man die für ein einzelnes Elektron eingeführten Quantenzahlen auch den Elektronen in einer Vielelektronenkonfiguration zuordnen kann. Das ist möglich, weil man annehmen kann, daß der

Elektronenkonfiguration der Elemente bis zum Xenon

Element	1s	2s	2p	3s	3p	3d	4s	4d	4f	5s	5p
1 H	1										
2 He	2										
3 Li	2	1									
4 Be	2	2									
5 B	2	2	1								
6 C	2	2	2								
7 N	2	2	3								
8 O	2	2	4								
9 F	2	2	5								
10 Ne	2	2	6								
11 Na	2	2	6	1							
12 Mg	2	2	6	2							
13 Al	2	2	6	2	1						
14 Si	2	2	6	2	2						
15 P	2	2	6	2	3						
16 S	2	2	6	2	4						
17 Cl	2	2	6	2	5						
18 Ar	2	2	6	2	6						
19 K	2	2	6	2	6		1				
20 Ca	2	2	6	2	6		2				
21 Sc	2	2	6	2	6	1	2				
22 Ti	2	2	6	2	6	2	2				
23 V	2	2	6	2	6	3	2				
24 Cr	2	2	6	2	6	5	1				
25 Mn	2	2	6	2	6	5	2				
26 Fe	2	2	6	2	6	6	2				
27 Co	2	2	6	2	6	7	2				
28 Ni	2	2	6	2	6	8	2				
29 Cu	2	2	6	2	6	10	1				
30 Zn	2	2	6	2	6	10	2				
31 Ga	2	2	6	2	6	10	2	1			
32 Ge	2	2	6	2	6	10	2	2			
33 As	2	2	6	2	6	10	2	3			
34 Se	2	2	6	2	6	10	2	4			
35 Br	2	2	6	2	6	10	2	5			
36 Kr	2	2	6	2	6	10	2	6			
37 Rb	2	2	6	2	6	10	2	6		1	
38 Sr	2	2	6	2	6	10	2	6		2	
39 Y	2	2	6	2	6	10	2	6	1	2	
40 Zr	2	2	6	2	6	10	2	6	2	2	
41 Nb	2	2	6	2	6	10	2	6	3	2	
42 Mo	2	2	6	2	6	10	2	6	4	2	
43 Tc	2	2	6	2	6	10	2	6	5	2	
44 Ru	2	2	6	2	6	10	2	6	7	1	
45 Rh	2	2	6	2	6	10	2	6	8	1	
46 Pd	2	2	6	2	6	10	2	6	10		
47 Ag	2	2	6	2	6	10	2	6	10	1	
48 Cd	2	2	6	2	6	10	2	6	10	2	
49 In	2	2	6	2	6	10	2	6	10	2	1
50 Sn	2	2	6	2	6	10	2	6	10	2	2
51 Sb	2	2	6	2	6	10	2	6	10	2	3
52 Te	2	2	6	2	6	10	2	6	10	2	4
53 J	2	2	6	2	6	10	2	6	10	2	5
54 Xe	2	2	6	2	6	10	2	6	10	2	6

eben beschriebene schrittweise Aufbau eines Atoms ein adiabatischer Prozeß ist, so daß die Quantenzahlen ihre ursprünglichen Werte tatsächlich unverändert beibehalten [vgl. die Ausführungen von PAULI (1925b; vgl. dieser Band, S. 229) über das sogenannte „Aufbauprinzip"]. In der Wellenmechanik ist das HARTREE-FOCK-Verfahren („self-consistent field"-Verfahren) die Rechtfertigung für dieses Vorgehen (siehe z. B. DAWYDOW, 1967).

Der Grund liegt im wesentlichen darin, daß sich jedes Elektron in guter Näherung in einem mittleren Feld bewegt, das von allen anderen Elektronen erzeugt wird. Wenn wir die endgültige Wellenfunktion nach der Methode des „self-consistent field" mit einer Wellenfunktion vergleichen, die aus Wellenfunktionen von einzelnen Elektronen mit bestimmten Quantenzahlen gebildet wurde, so sehen wird, daß unsere erste Vermutung durchaus berechtigt war.

KAPITEL VI

Die Strahlungstheorie

In diesem letzten Kapitel wollen wir einige Aspekte der Emission von Spektrallinien diskutieren. Im vorangegangenen Kapitel hatten wir uns hauptsächlich auf die Bestimmung der Energien zu den stationären Bahnen konzentriert. Wir wollen jetzt solche Probleme wie Übergangswahrscheinlichkeiten betrachten. Dazu werden wir das BOHRsche Korrespondenzprinzip benötigen, und wir wollen sehen, wie uns dieses Prinzip ermöglicht, Ausdrücke für die relativen Intensitäten verschiedener Spektrallinien sowie die Auswahlregeln abzuleiten.

Als erstes wollen wir besprechen, wie EINSTEIN (1917; nachgedruckt in diesem Band, S. 209) die Übergangswahrscheinlichkeiten einführte. EINSTEIN zeigte, wie die PLANCKsche Formel (1.48) für die Strahlungsenergiedichte mit Hilfe der Annahme abgeleitet werden kann, daß die BOLTZMANN-Verteilung der Atome über ihre Energiezustände durch Lichtabsorption und -emission nicht gestört wird. Man muß sogar fordern, daß die Wechselwirkung zwischen der Strahlung und den Atomen zu der MAXWELLschen Geschwindigkeitsverteilung für die Atome führt. Daraus folgt, daß jeder Absorptions- oder Emissionsprozeß die Natur einer „Nadel"-Strahlung hat, d. h., daß ihm eine bestimmte Richtung zugeordnet ist. Bis zu einem gewissen Grade kann man sagen, daß mit EINSTEINS Arbeit der Kreis geschlossen worden ist; denn die Bedingung des thermodynamischen Gleichgewichts der Temperaturstrahlung hatte PLANCK zu seinem Strahlungsgesetz geführt [vgl. die Ableitung von Gleichung (1.29)].

Betrachten wir eine Menge von Atomen, die sich in stationären Zuständen m und n mit den Energien E_m

und E_n befinden. Man findet mit genau denselben Argumenten wie bei der Ableitung der MAXWELL-Verteilung (siehe z. B. TER HAAR, 1954, Kapitel III), daß im thermodynamischen Gleichgewicht die Anzahl der Atome N_m und N_n in den beiden Zuständen durch die Gleichung

$$N_m = C\mathrm{e}^{-\beta E_m}, \qquad N_n = C\mathrm{e}^{-\beta E_n} \tag{6.1}$$

gegeben ist, worin β für $1/kT$ steht und C ein Normierungsfaktor ist. Unter der Annahme, daß nur zwei stationäre Zustände möglich sind, genügt C der Gleichung

$$C = N[\mathrm{e}^{-\beta E_m} + \mathrm{e}^{-\beta E_n}]^{-1}, \tag{6.2}$$

wenn N die Gesamtzahl der Atome ist.[1])

Wir wollen nun das Gleichgewicht zwischen dem Strahlungsfeld und den Atomen[2]) betrachten und stellen als erstes fest, daß entsprechend den BOHRschen Hypothesen ein Atom aus einem stationären Zustand mit höherer Energie in einen Zustand mit niedrigerer Energie übergehen kann. Nehmen wir zur Fixierung unserer Vorstellungen $E_m > E_n$ an, so finden wir, daß beim Übergang vom Zustand m zum Zustand n ein Lichtquant der Frequenz $\nu = (E_m - E_n)/h$ [s. Gleichung (5.1)] emittiert wird. In Analogie zu radioaktiven Prozessen nahm EINSTEIN an, daß es eine Wahrscheinlichkeit $\mathrm{d}W_1$ für diesen spontanen Prozeß im Zeitintervall $\mathrm{d}t$

$$\mathrm{d}W_1 = A_m^n \,\mathrm{d}t \tag{6.3}$$

gibt. Aus Gleichung (6.3) folgt, daß man bei Abwesenheit eines Strahlungsfeldes, das — wie wir gleich sehen

---

1) Die Beschränkung auf den Fall, daß es nur zwei stationäre Zustände gibt, ist unwesentlich und kann leicht aufgehoben werden. Es ist noch zu bemerken, daß wir alle Schwierigkeiten infolge von Entartungen von stationären Zuständen vernachlässigt haben; diese Einschränkung kann ebenfalls aufgehoben werden.

2) Das analoge Gleichgewicht von Atomen und freien Elektronen ist von KLEIN und ROSSELAND (1921) betrachtet worden.

werden — die Übergangswahrscheinlichkeit beeinflußt, für die Zahl N_m der Atome im Zustand m die Bewegungsgleichung

$$\frac{\mathrm{d}N_m}{\mathrm{d}t} = -N_m A_m^n \tag{6.4}$$

oder

$$N_m(t) = N_m(0)\,\mathrm{e}^{-A_m^n t} \tag{6.5}$$

findet.

Aus dieser Gleichung folgt, daß wir $1/A_m^n$ als die Lebensdauer des Atoms im angeregten Zustand m interpretieren können; wenn für ein Atom im Zustand m andere Übergänge zu niedriger liegenden Zuständen möglich sind, müssen wir A_m^n durch die Summe über alle diese niedriger liegenden Zustände ersetzen.

Betrachten wir jetzt den Einfluß des Strahlungsfeldes auf die Atome. $\varrho(\nu)$ sei die Energiedichte der Strahlung zur Frequenz ν entsprechend der Energiedifferenz $E_m - E_n$. Es besteht vor allem die Möglichkeit, daß ein Atom im Zustand n ein Quant $h\nu$ absorbiert und in den Zustand m übergeht. Die Wahrscheinlichkeit $\mathrm{d}W_2$ dafür, daß sich dieses in einem Zeitintervall $\mathrm{d}t$ ereignet, ist proportional $\varrho(\nu)$, und wir erhalten damit

$$\mathrm{d}W_2 = B_n^m\,\varrho(\nu)\,\mathrm{d}t. \tag{6.6}$$

Aus der klassischen Elektrodynamik wissen wir, daß ein Strahlungsfeld eine Ladung zum Strahlen anregt. Wir erwarten deshalb, daß die Wahrscheinlichkeit für den Übergang aus dem Zustand m in den Zustand n in Anwesenheit eines Strahlungsfeldes größer wird. Die Wahrscheinlichkeit für eine solche stimulierte oder *induzierte* Emission während der Zeit $\mathrm{d}t$ sei $\mathrm{d}W_3$. Wir erwarten, daß $\mathrm{d}W_3$ proportional $\varrho(\nu)$ ist, und können schreiben

$$\mathrm{d}W_3 = B_m^n\,\varrho(\nu)\,\mathrm{d}t. \tag{6.7}$$

Im Gleichgewicht muß die Zahl der Übergänge $m \to n$ gleich der Zahl der Übergänge $n \to m$ sein oder

$$N_m[A_m^n + B_m^n \varrho(\nu)] = N_n B_n^m \varrho(\nu). \tag{6.8}$$

Da für $\beta \to 0$, d. h., die Temperatur geht gegen unendlich, $\varrho(\nu)$ unendlich wird und für $\beta \to 0$ auch $N_m \to N_n$ geht, finden wir

$$B_m^n = B_n^m. \tag{6.9}$$

Ferner findet man aus der Bedingung, daß $\varrho(\nu)$ im Gleichgewicht die Beziehung (1.1) erfüllen muß,

$$A_m^n = \alpha \nu^3 B_m^n. \tag{6.10}$$

Die Konstante α erhält man aus der Bedingung, daß im Bereich $\beta h \nu \ll 1$ die Größe $\varrho(\nu)$ durch die RAYLEIGH-JEANSsche Strahlungsformel gegeben ist, und es ergibt sich

$$\frac{A_m^n}{B_m^n} = \frac{8\pi h \nu^3}{c^3}, \tag{6.11}$$

während die Gleichungen (6.1), (6.8), (6.9) und (6.11) zusammen zur PLANCKschen Formel (1.48) für $\varrho(\nu)$ führen.

Die zweite Schlußfolgerung der EINSTEINschen Arbeit über die Quantentheorie der Strahlung — diesen Teil betrachtete er selbst als den wichtigeren — handelt von dem Impuls, der vom Strahlungsfeld durch einen elementaren Absorptions- oder Emissionsprozeß auf ein Atom übertragen wird, d. h. vom Rückstoß des Atoms bei einem solchen Prozeß. EINSTEIN verwendete wieder einmal Argumente aus der Theorie der BROWNschen Bewegung (vgl. die Besprechung der Änderungen von Energie und Impuls in einem Strahlungsfeld in Kapitel II) und die Aussage der klassischen Elektrodynamik, daß zu einem gerichteten Lichtstrahl mit der Energie ε der Impuls ε/c in Strahlrichtung gehört. Daraus schließt EINSTEIN, daß das Atom bei einem Absorptionsprozeß den Impuls $(E_m - E_n)/c$ in der Richtung der einfallenden Strahlung empfängt, während es bei einem induzierten Emissionsprozeß den gleichen Impuls in der entgegengesetzten Richtung erhält. In Übereinstimmung mit den Grundideen der Quantentheorie über die schwarze Strahlung müssen wir annehmen, daß die Wirkung der Hohlraumstrahlung auf ein Atom der gleichzeitigen Wirkung von isotrop aus allen möglichen Richtungen einfallenden Strahlen äquivalent ist. Bei einem einzelnen induzierten Emissions- oder Absorptionsprozeß wirkt jedoch nur ein einziger Strahl. Schließlich müssen wir die Impulsübertragung bei einem spontanen Emissionsprozeß betrachten. EINSTEIN nahm an, daß das Atom ebenfalls einen Rückstoß $(E_m - E_n)/c$ erhält, jedoch in einer rein zufälligen Richtung. Das steht im Widerspruch zum klassischen Bild der Strahlungsemission durch Kugelwellen.

Betrachten wir nun das thermodynamische Gleichgewicht von Translationsbewegung des Atoms und Strahlung. In einem Zeitintervall τ ändert sich der Impuls Mv eines Atoms der Masse M aus zwei Ursachen. Die erste ist die Reibungskraft Rv, die auf das Atom wirkt und zu einer Änderung $Rv\tau$ führt. Die zweite ist eine durch die Unregelmäßigkeiten (Schwankungen) des Strahlungsfeldes hervorgerufene Änderung Δ. Im Gleichgewicht haben wir (zur Vereinfachung betrachten wir eine eindimensionale Bewegung)

$$\overline{(Mv - Rv\tau + \Delta)^2} = \overline{(Mv)^2}, \tag{6.12}$$

wobei der Querstrich einen Mittelwert über eine genügend große Zahl von Atomen anzeigt. Da $\bar{v} = 0$ ist, finden wir aus Gleichung (6.12)

$$\frac{\overline{\Delta^2}}{\tau} = 2R\overline{Mv^2} = 2RkT, \tag{6.13}$$

wobei wir die Tatsache verwendet haben, daß im Gleichgewicht $^1/_2\overline{Mv^2} = {^1/_2}kT$ ist.

Einstein berechnete $\overline{\Delta^2}$ und R (wegen Einzelheiten s. seine Arbeit auf S. 209 im vorliegenden Band). Die erste Größe folgt einfach aus einer Betrachtung der Schwankungen der Impulsübertragung. Da diese im wesentlichen ein statistischer Prozeß ist, erwarten wir $\overline{\Delta^2}$ proportional zu τ, wie es auch der Fall ist. Die Berechnung von R ist komplizierter, da sie die Berechnung der Impulsübertragung vom Strahlungsfeld auf ein gegenüber dem Feld bewegtes Atom einschließt. Es ist daher erforderlich, Glieder erster Ordnung in v/c bei der Berechnung zu berücksichtigen. Wenn man nun die von Einstein gefundenen Ausdrücke in Gleichung (6.13) einsetzt, ist diese identisch erfüllt. Es ist dabei wesentlich, daß man bei der Berechnung von $\overline{\Delta^2}$ annimmt, daß das Atom bei jedem spontanen Emissionsprozeß einen Rückstoß erfährt; denn andernfalls ist Gleichung (6.13), die die Bedingung für das thermische Gleichgewicht darstellt, nicht erfüllt.[1])

Ein experimenteller Nachweis des Rückstoßes für den Fall freier Elektronen wurde von Compton (1923a) erbracht, indem die durch Röntgenstrahlen hervorgerufene Sekundärstrahlung theoretisch und experimentell untersucht wurde. Beim Studium der an leichten Elementen gestreuten Strahlung fand er (Compton, 1923b), daß außer Linien mit der Wellenlänge des einfallenden Lichtes auch Linien mit einer etwas größeren Wellenlänge auftreten; die Verschiebung in der Wellenlänge hängt vom Winkel zwischen einfallendem und gestreutem Licht ab. Das ist der sogenannte Compton-*Effekt*.

Bei der Streuung harter Röntgenstrahlen an leichten Elementen ist $h\nu$ groß gegenüber der Bindungsenergie des gestreuten Elektrons, und wir können das Elektron

---

[1]) Das ist nicht ganz korrekt; Jordan (1924) zeigte, daß man Gleichung (6.13) auch ohne Annahme der gerichteten spontanen Emission erfüllen kann; dazu müssen aber die Annahmen über die Impulsübertragung bei Absorptionsprozessen abgeändert werden. Das würde jedoch zu physikalisch unannehmbaren Ergebnissen führen.

als frei ansehen. ϑ sei der Streuwinkel für den Röntgenstrahl und Φ der Winkel, unter dem das Elektron wegfliegt (s. Abb. VI. 1). Wir erhalten dann für die Erhaltung von Energie und Impuls in x- und y-Richtung drei Gleichungen, aus denen Φ, die Frequenz ν' des gestreuten Röntgenstrahls und der Impuls p des Elektrons als Funktionen des Streuwinkels ϑ berechnet werden können[1]):

$$h\nu + mc^2 = h\nu' + [p^2c^2 + m^2c^4]^{1/2}, \tag{6.14}$$

$$\frac{h\nu}{c} = \frac{h\nu'}{c}\cos\vartheta + p\cos\Phi, \tag{6.15}$$

$$\frac{h\nu'}{c}\sin\vartheta = p\sin\Phi. \tag{6.16}$$

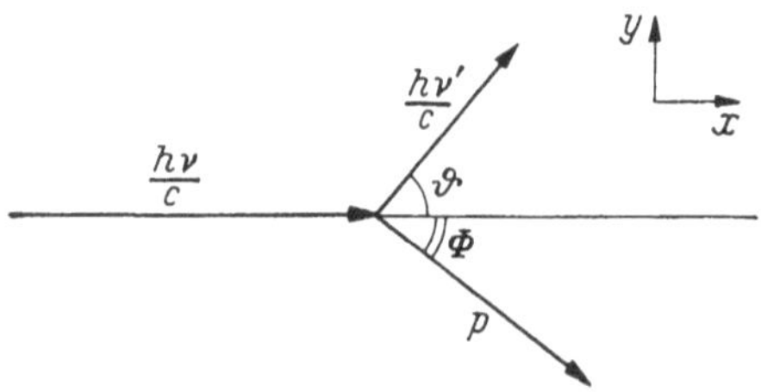

Abb. VI.1. COMPTON-Effekt

Wir eliminieren aus den Gleichungen (6.15) und (6.16) den Winkel Φ und dann p aus der resultierenden Gleichung und (6.14). Mit den Wellenlänge $\lambda = c/\nu$ und $\lambda' = c/\nu'$ erhalten wir

$$\lambda' - \lambda = \lambda_C(1 - \cos\vartheta), \tag{6.17}$$

[1]) Wir verwenden hier den relativistischen Ausdruck $\sqrt{p^2c^2 + m^2c^4}$ für die Energie. Es muß erwähnt werden, daß DEBYE (1923) unabhängig von COMPTON die Theorie des COMPTON-Effektes entwickelt hat. Auch KRAMERS bearbeitete die Theorie, aber er wurde von BOHR beeinflußt, seine Ergebnisse nicht zu veröffentlichen, da BOHR ihnen keinen Glauben schenkte (BOHR war eher geneigt, die Prinzipien von Energie- und Impulserhaltung aufzugeben; vgl. die Arbeit von BOHR, KRAMERS und SLATER, 1924).

worin λ_C die sogenannte Compton-Wellenlänge

$$\lambda_C = \frac{h}{mc} = 0{,}02 \text{ Å} \tag{6.18}$$

ist. Die Beziehung (6.17) wurde durch Compton experimentell bestätigt.

Wir wollen jetzt sehen, was wir aus der Annahme lernen können, daß im Bereich großer Quantenzahlen asymptotisch die klassische Theorie gilt. Wir haben eine Anwendung dieses Prinzips in Kapitel IV in der zweiten Ableitung von Gleichung (4.4) gesehen. Zuerst wurde dieses Prinzip von Bohr im Jahre 1918 (Bohr, 1918a) explizit dargelegt, obwohl der Name *Korrespondenzprinzip* von ihm erstmalig 1920 (Bohr 1920; s. auch Bohr 1922b) verwendet wurde. Die Begründung für dieses Prinzip folgt ebenfalls aus Gleichung (5.17), da für einen gegebenen Wert J_k der klassische Grenzwert $h \to 0$ dem Grenzwert $n_k \to \infty$ entspricht.

Um etwas Bestimmtes vor Augen zu haben, wollen wir als erstes ein System mit einem Freiheitsgrad betrachten. Die Quantisierungsvorschrift (5.17) ist in diesem Falle einfach

$$J(E) = nh \tag{6.19}$$

und ergibt für die Energie E_n der n-ten stationären Bahn

$$E_n = E(nh). \tag{6.20}$$

Die klassische Frequenz ν_{kl} der Bewegung folgt aus Gleichung (5.8), da w die Periode 1 hat:

$$\nu_{\text{kl}} = \dot{w} = \frac{\partial E}{\partial J}. \tag{6.21}$$

Wenn wir jetzt einen Übergang aus dem Zustand n in den Zustand $n - \tau$ betrachten, finden wir für großes n

$$\begin{aligned} h\nu_{n\to n-\tau} &= E_n - E_{n-\tau} = E(nh) - E[(n-\tau)\,h] \\ &= \tau h \left(\frac{\mathrm{d}E}{\mathrm{d}J}\right)_{J=nh} \end{aligned} \tag{6.22}$$

oder

$$\nu_\tau \equiv \nu_{n\to n-\tau} = \tau \nu_{\mathrm{kl}}, \tag{6.23}$$

d. h., die Frequenzen zu Übergängen zwischen stationären Zuständen mit großen Quantenzahlen entsprechen der klassischen Frequenz und den höheren Oberschwingungen.

Um die Übergangswahrscheinlichkeit zu finden, die uns sowohl die Auswahlregeln (Bedingungen, unter welchen die A_m^n verschwinden) als auch die relativen Intensitäten der erlaubten Übergänge liefern, müssen wir das elektrische Dipolmoment P des Systems betrachten. Aus der klassischen Elektrodynamik [z. B. PANOFSKY und PHILLIPS, 1955; oder LANDAU und LIFSCHITZ, 1964; s. Gleichung (1.22)] folgt für die Geschwindigkeit, mit der Energie durch Strahlung verlorengeht, die Beziehung

$$\frac{\mathrm{d}E}{\mathrm{d}t} = \frac{2}{3c^2}\overline{\ddot{P}^2}. \tag{6.24}$$

Darin bedeutet der Querstrich die Zeitmittelung, die für unser eindimensionales System als Mittel über eine einzelne Periode gebildet werden kann. Wir können das mit der aus (6.3) folgenden Beziehung

$$\frac{\mathrm{d}E}{\mathrm{d}t} = h\nu_\tau A_n^{n-\tau} \tag{6.25}$$

vergleichen.

Da unser System periodisch ist, können wir P in eine FOURIER-Reihe

$$P = {}^1/_2 \sum_{\tau=-\infty}^{+\infty} P_\tau \, \mathrm{e}^{2\pi i\tau\nu_{\mathrm{kl}}} \tag{6.26}$$

entwickeln; da P reell ist, gilt

$$P_\tau = P_{-\tau}^*. \tag{6.27}$$

Aus den Gleichungen (6.14), (6.25) und (6.26) erhalten wir

$$A_n^{n-\tau} = \frac{(2\pi)^4 \nu_\tau^3}{3hc^3} |P_\tau|^2. \tag{6.28}$$

Daraus folgt: Ein Übergang ist verboten, wenn P_τ gleich Null wird.[1])

Als erste Anwendung wollen wir den Fall eines einfachen harmonischen Oszillators betrachten. In diesem Falle gilt für die Amplitude x des Oszillators

$$x = x_0 \cos 2\pi\nu_{\mathrm{kl}} t, \tag{6.29}$$

daraus folgt

$$P_1 = P_{-1} = {}^1/_2 e x_0, \quad P_\tau = 0, \quad \tau \neq \pm 1, \tag{6.30}$$

und damit wird

$$A_n^{n-1} = \frac{(2\pi)^4 e^2 \nu_{\mathrm{kl}}^3}{3hc^3} x_0^2 \tag{6.31}$$

oder

$$A_n^{n-1} = {}^8/_3 \pi^2 \frac{e^2 \nu_{\mathrm{kl}}^2}{mc^3} n, \tag{6.32}$$

wobei wir die Beziehung [vgl. (1.47) und (1.40)]

$$E_n = nh\nu_{\mathrm{kl}} = {}^1/_2 m (2\pi\nu_{\mathrm{kl}})^2 x_0^2 \tag{6.33}$$

verwendet haben.

Aus Gleichung (6.30) folgt für einen harmonischen Oszillator die Auswahlregel

$$\Delta n = \pm 1. \tag{6.34}$$

---

[1]) Strenggenommen ist das inkorrekt. Übergänge können entsprechend den elektrischen Quadrupol-, Oktupol- oder magnetischen Dipolstrahlungen stattfinden, aber die Intensitäten dieser Übergänge sind so viel geringer (s. z. B. PANOFSKY und PHILLIPS, 1955, oder LANDAU und LIFSCHITZ, 1964), daß man sie in guter Näherung vernachlässigen kann.

Die Auswahlregel für n ändert sich, wenn wir andere potentielle Energien betrachten. Die Auswahlregeln für k und m, die gute Quantenzahlen für den Fall eines Zentralkraftfeldes sind, bestimmen wir, indem wir die x-, y- und z-Komponenten des elektrischen Dipolmoments in Polarkoordinaten ausdrücken (e ist die Ladung des sich im Zentralkraftfeld bewegenden Teilchens):

$$\left.\begin{aligned} P_x &= e r \cos \Phi \sin \Theta, \\ P_y &= e r \sin \Phi \sin \Theta, \\ P_z &= e r \cos \Theta. \end{aligned}\right\} \tag{6.35}$$

Zur Herleitung der Auswahlregeln für k und m stellen wir als erstes fest, daß nach den Gleichungen (6.35) die Komponenten von P den Winkel Θ entweder in der Form $e^{i\Theta}$ oder $e^{-i\Theta}$ enthalten, während Φ entweder als $e^{i\Phi}$ oder $e^{-i\Phi}$ bzw. auch gar nicht enthalten ist. Man kann zeigen, daß diese Faktoren als Funktionen von t in der Form (wegen Einzelheiten vgl. BOHR, 1918a, b; PAULI, 1926; oder TOMONAGA, 1962)

$$e^{\pm i\Phi} = A(t)\, e^{\pm 2\pi i \nu_\Phi t}, \tag{6.36}$$

$$e^{\pm i\Theta} = B(t)\, e^{\pm 2\pi i \nu_\Theta t} \tag{6.37}$$

geschrieben werden können, wobei $A(t)$ und $B(t)$ wieder als FOURIER-Reihen der Gestalt (6.26) mit ν_{kl} anstelle von ν_r geschrieben werden können. Da in Gleichung (6.37) nur Terme mit $\nu_\Theta = \pm 1$ auftreten, erhalten wir die Auswahlregel

$$\Delta k = \pm 1. \tag{6.38}$$

Gleichung (6.36) enthält nur Terme mit $\nu_\Phi = \pm 1$ und P_z nur den Term mit $\nu_\Phi = 0$, so daß die Auswahlregel für m lautet:

$$\Delta m = 0, \pm 1. \tag{6.39}$$

Literatur

ABRO, A. (1951): The Rise of the New Physics. Dover, New York 1951.
BARKLA, C. G. (1911): Philos. Mag. **21** (1911) 648.
BLACKMAN, M. (1955): in Handbuch der Physik, Bd. 7/1. Springer, Berlin 1955, S. 325.
BOHR, N. (1913a): Philos. Mag. **26** (1913) 1 (in dtsch. Übers. nachgedruckt als Arbeit 5 in diesem Band).
BOHR, N. (1913b, c): Philos. Mag. **26** (1913) 476 und 857.
BOHR, N. (1918a, b): Proc. Dan. Acad. Sci. (8) **4** (1918), Nr. 1, Teile I und II.
BOHR, N. (1920): Z. Phys. **2** (1920) 423.
BOHR, N. (1921): Fys. Tidsskr. **19** (1921) 153.
BOHR, N. (1922a): Proc. Dan. Acad. Sci. (8) **4** (1922), Nr. 1, Teil III.
BOHR, N. (1922b): The Theory of Spectra and Atomic Constitution. Cambridge University Press 1922.
BOHR, N. (1962): in Proceedings of the Twelfth Solvay Congress.
BOHR, N. (1963): On the Constitution of Atoms and Molecules. Munksgaard, Kopenhagen 1963.
BOHR, N., H. A. KRAMERS und J. C. SLATER (1924): Philos. Mag. **47** (1924) 785.
BOLTZMANN, L. (1884): Ann. Phys. **22** (1884) 31, 291 und 616.
BORN, M. (1927): Mechanics of the Atom. Bell, London 1927.
BORN, M. (1935): Atomic Physics. Blackie, London 1935.
BORN, M., und T. VON KÁRMÁN (1912): Phys. Z. **13** (1912) 297.
BORN, M., und T. VON KÁRMÁN (1913): Phys. Z. **14** (1913) 15 und 65.
BURGERS, J. M. (1917): Ann. Phys. **52** (1917) 195.
BURGERS, J. M. (1918): Het Atoommodel van RUTHERFORD-BOHR. Loosjes, Haarlem 1918.
COHEN, E. R., und J. W. M. DUMOND (1963): IUPAP Report on Fundamental Constants.
COMPTON, A. H. (1923a): Phys. Rev. **21** (1923) 483.
COMPTON, A. H. (1923b): Phys. Rev. **22** (1923) 409.
CONDON, E. U. (1962): Bull. Philos. Soc. Washington **16** (1962) 82.
CONWAY, A. W. (1907): Sci. Proc. roy. Dublin Soc. **11** (1907) 181.
CROWTHER, J. A. (1910): Proc. roy. Soc. **84** (1910) 226.
DAWYDOW, A. S. (1967): Quantenmechanik. VEB Deutscher Verlag der Wissenschaften, Berlin 1967.
DEBYE, P. (1912): Ann. Phys. **39** (1912) 789.

DEBYE, P. (1923): Phys. Z. **24** (1923) 161.
EHRENFEST, P. (1913): Verh. Dtsch. phys. Ges. Berlin **15** (1913) 451.
EHRENFEST, P. (1923): Naturwiss. **11** (1923) 543.
EINSTEIN, A. (1905a): Ann. Phys. **17** (1905) 132 (nachgedruckt als Arbeit 3 in diesem Band).
EINSTEIN, A. (1905b, c): Ann. Phys. **17** (1905) 549 und 891.
EINSTEIN, A. (1906): Ann. Phys. **20** (1906) 199.
EINSTEIN, A. (1907): Ann. Phys. **22** (1907) 180.
EINSTEIN, A. (1909): Phys. Z. **10** (1909) 185.
EINSTEIN, A. (1917): Phys. Z. **18** (1917) 121 (nachgedruckt als Arbeit 7 in diesem Band.)
EINSTEIN, A. (1951): Science **113** (1951) 82.
EINSTEIN, A., und L. HOPF (1910): Ann. Phys. **33** (1910) 1105.
FRANCK, J., und G. HERTZ (1914a): Verh. Dtsch. phys. Ges. Berlin **16** (1914) 457.
FRANCK, J., und G. HERTZ (1914b): Verh. Dtsch. phys. Ges. Berlin **16** (1914) 512 (nachgedruckt als Arbeit 6 in diesem Band).
HAAR, D. TER (1954): Elements of Statistical Mechanics. Rinehart, New York 1954.
HAAR, D. TER (1961): Elements of Hamiltonian Mechanics. North Holland Publishing Co., Amsterdam 1961.
HAAR, D. TER (1966): Elements of Thermostatistics, Bd. 1. Holt, Rinehart & Winston, New York 1966.
HAAR, D. TER, und H. WERGELAND (1966): Elements of Thermodynamics. Addison-Wesley, Reading/Mass. 1966.
HAUG, A. (1964): Theoretische Festkörperphysik, Bd. 1. Deuticke, Wien 1964.
HINDMARSH, W. R. (1966): Atomic Spectra. Pergamon, Oxford 1966 (dtsch. Übers. in Vorbereitung).
JEANS, J. H. (1905): Philos. Mag. **10** (1905) 91.
JORDAN, P. (1924): Z. Phys. **30** (1924) 297.
KELVIN, Lord, s. THOMSON, W.
KIRCHHOFF, G. (1859): Mber. Akad. Wiss. Berlin, Dez. 1859 (s. in Gesammelte Abhandlungen. Barth, Leipzig 1882, S. 566).
KLEIN, M. J. (1959): Proc. roy. Acad. Sci. Amsterdam **B62** (1959) 41.
KLEIN, M. J. (1962): Arch. Hist. exact Sci. **1** (1962) 459.
KLEIN, M. J. (1963a): Nat. Philosopher **1** (1963) 81.
KLEIN, M. J. (1963b): Nat. Philosopher **2** (1963) 57.
KLEIN, M. J. (1964): Nat. Philosopher **3** (1964) 1.

KLEIN, M. J. (1965): Science **148** (1965) 173.

KLEIN, O., und S. ROSSELAND (1921): Z. Phys. **4** (1921) 46.

KRAMERS, H. A., und H. HOLST (1923): The Atom and the BOHR Theory of its Structure. Knopf, New York 1923.

LANDAU, L. D., und E. M. LIFSCHITZ (1967): Klassische Feldtheorie. Akademie-Verlag, 4. Aufl. Berlin 1967; Quantenmechanik. Akademie-Verlag, Berlin 1967.

LUDWIG, G. (1967): Wave Mechanics. Pergamon, Oxford 1967.

MAYER, A. M. (1878): Philos. Mag. **5** (1878) 397.

MAYER, A. M. (1879): Philos. Mag. **7** (1879) 98.

MEISSNER, W. (1951): Science **113** (1951) 75.

MENDELSSOHN, K. A. G. (1959): Bull. Inst. Phys. **10** (1959) 1.

NAGAOKA, H. (1904): Philos. Mag. **7** (1904) 445.

NICHOLSON, J. W. (1911a, b): Monthly Not. roy. astr. Soc. **72** (1911) 49 und 139.

NICHOLSON, J. W. (1912a, b, c): Monthly Not. roy. astr. Soc. **72** (1912) 677, 693 und 729.

PANOFSKY, W. K. H., und M. PHILLIPS (1955): Classical Electricity and Magnetism. Addison-Wesley, Reading/Mass. 1955.

PAULI, W. (1925a): Z. Phys. **31** (1925) 373.

PAULI, W. (1925b): Z. Phys. **31** (1925) 765 (nachgedruckt als Arbeit 8 in diesem Band).

PAULI, W. (1926): in Handbuch der Physik, Bd. 23. Springer, Berlin 1926, S. 1.

PAULI, W. (1929): in MÜLLER-POUILLET's Lehrbuch, Bd. 2, Kap. 29.

PAULI, W. (1946): Science **103** (1946) 213.

PEIERLS, R. E. (1964): Contemporary Phys. **6** (1964) 129.

PERRIN, J. (1901): Rev. Sci. **15** (1901) 449.

PLANCK, M. (1899): Sitz.-Ber. Preuß. Akad. Wiss. **25** (1899) 440.

PLANCK, M. (1900a, b): Ann. Phys. **1** (1900) 69 und 719.

PLANCK, M. (1900c, d): Verh. Dtsch. phys. Ges. Berlin **2** (1900) 202 und 237 (nachgedruckt als Arbeiten 1 und 2 in diesem Band).

PLANCK, M. (1901): Ann. Phys. **4** (1901) 553.

PLANCK, M. (1908): Phys. Z. **9** (1908) 828.

PLANCK, M. (1920): Nobel Lecture. Oxford University Press 1920.

PLANCK, M. (1921): Wärmestrahlung. Barth, Leipzig 1921.

PLANCK, M. (1943): Naturwiss. **31** (1943) 153.

PLANCK, M. (1949): Scientific Autobiography. New York 1949.

PLANCK, M. (1958): Physikalische Abhandlungen und Vorträge, in 3 Bänden. Vieweg, Braunschweig 1958.

PLANCK, M., P. DEBYE, W. NERNST, M. v. SMOLUCHOWSKI, A. SOMMERFELD und H. A. LORENTZ (1914): Vorträge über die kinetische Theorie der Materie und der Elektrizität. Teubner, Leipzig 1914.

RAYLEIGH, Lord (1900): Philos. Mag. **49** (1900) 559.

ROSENFELD, L. (1936): Osiris **2** (1936) 149.

ROSENFELD, L. (1963): Introduction to BOHR.

RUBINOWICZ, A. (1933): in Handbuch der Physik, Bd. 24/1. Springer, Berlin 1933, S. 1.

RUTHERFORD, E. (1911): Philos. Mag. **21** (1911) 669 (in dtsch. Übers. nachgedruckt als Arbeit 4 in diesem Band).

Solvay Congress (1911): La théorie du rayonnement et les quanta. Gauthier-Villars, Paris 1912.

Solvay Congress (1913): La structure de la matière. Gauthier-Villars, Paris 1921.

Solvay Congress (1921): Atómes et électrons. Gauthier-Villars, Paris 1923.

SOMMERFELD, A. (1915a, b): Münchener Ber. (1915) 425 und 459.

SOMMERFELD, A. (1916): Münchener Ber. (1916) 131.

SOMMERFELD, A. (1923): Atombau und Spektrallinien. Vieweg, 7. Aufl. Braunschweig 1944.

SOMMERFELD, A., und F. BOPP (1951): Science **113** (1951) 85.

STONER, E. C. (1924): Philos. Mag. **48** (1924) 719.

THOMSON, J. J. (1904a): Electricity and Matter. Yale University Press, New Haven/Conn. 1904.

THOMSON, J. J. (1904b): Philos. Mag. **7** (1904) 237.

THOMSON, W., Lord KELVIN (1902): Philos. Mag. **3** (1902) 257.

TOMONAGA, S. (1962): Quantum Mechanics, Bd. 1. North Holland Publishing Co., Amsterdam 1962.

UHLENBECK, G. E., und S. A. GOUDSMIT (1926): Nature [London] **117** (1926) 264.

WHITTAKER, E T. (1954): A History of the Theories of Aether and Electricity (The Modern Theories, 1900—1926). Philosophical Library, New York 1954

WIEN, W. (1893): Ber. Berliner Akad. Wiss. vom 9. Febr. 1893.

WIEN, W. (1896): Ann. Phys. **58** (1896) 662.

WILSON, W. (1915): Philos. Mag. **29** (1915) 795.

TEIL II

1. Über eine Verbesserung der Wienschen Spektralgleichung*)

Von

M. PLANCK

(Vorgetragen in der Sitzung vom 19. Oktober 1900)

Die von Hrn. KURLBAUM in der heutigen Sitzung mitgeteilten interessanten Resultate der von ihm in Gemeinschaft mit Hrn. RUBENS auf dem Gebiete der längsten Spektralwellen ausgeführten Energiemessungen haben die zuerst von den Herren LUMMER und PRINGSHEIM auf Grund ihrer Beobachtungen aufgestellte Behauptung nachdrücklich bestätigt, daß das WIENsche Energieverteilungsgesetz nicht die allgemeine Bedeutung besitzt, welche ihm bisher von mancher Seite zugeschrieben worden war, sondern daß dieses Gesetz vielmehr höchstens den Charakter eines Grenzgesetzes hat, dessen überaus einfache Form nur einer Beschränkung auf kurze Wellenlängen bzw. tiefe Temperaturen ihren Ursprung verdankt.[1]) Da ich selber die Ansicht von der Notwendigkeit des WIENschen Gesetzes auch an dieser Stelle vertreten habe, so sei es mir gestattet, hier kurz darzulegen, wie sich die von mir entwickelte elektromagnetische Theorie der Strahlung zu den Beobachtungstatsachen stellt.

Nach dieser Theorie ist das Energieverteilungsgesetz bestimmt, sobald die Entropie S eines auf Bestrahlung ansprechenden linearen Resonators als Funktion seiner Schwingungsenergie U bekannt ist. Ich habe indes schon in meiner letzten Arbeit über diesen Gegenstand hervorgehoben [1], daß der Satz der Entropievermehrung an und für sich noch nicht hinreicht, um diese Funktion vollständig anzugeben; zur Ansicht von der Allgemeinheit

*) Verh. Dtsch. phys. Ges. Berlin 2 (1900) 202.

[1]) Auch Hr. PASCHEN hat, wie er mir brieflich mitteilte, neuerdings merkliche Abweichungen vom WIENschen Gesetz festgestellt.

des WIENschen Gesetzes wurde ich vielmehr durch eine besondere Betrachtung geführt, nämlich durch die Berechnung einer unendlich kleinen Entropievermehrung eines in einem stationären Strahlungsfelde befindlichen Systems von n gleichen Resonatoren auf zwei verschiedene Weisen, wodurch sich die Gleichung[1]) ergab:

$$\mathrm{d}\,U_n \cdot \Delta U_n \cdot f(U_n) = n\,\mathrm{d}\,U \cdot \Delta U \cdot f(U),$$

wobei

$$U_n = n\,U \qquad \text{und} \qquad f(U) = -\frac{3}{5}\frac{\mathrm{d}^2 S}{\mathrm{d}\,U^2},$$

aus welcher dann das WIENsche Gesetz in der Form hervorgeht:

$$\frac{\mathrm{d}^2 S}{\mathrm{d}\,U^2} = \frac{\mathrm{const}}{U}.$$

In jener Funktionalgleichung stellt der Ausdruck auf der rechten Seite sicher die genannte Entropieänderung dar, weil sich n ganz gleiche Vorgänge unabhängig voneinander abspielen, deren Entropieänderungen sich daher einfach addieren müssen. Dagegen würde ich es wohl für möglich, wenn auch immer noch für nicht leicht begreiflich und jedenfalls schwer beweisbar ansehen, daß der Ausdruck links nicht allgemein die ihm früher von mir zugeschriebene Bedeutung besitzt, mit anderen Worten: daß die Werte von U_n, $\mathrm{d}\,U_n$ und ΔU_n gar nicht hinreichen, um die fragliche Entropieänderung zu bestimmen, sondern daß dazu auch U selber bekannt sein muß. Im Verfolg dieses Gedankens bin ich schließlich dahin gekommen, ganz willkürlich Ausdrücke für die Entropie zu konstruieren, welche, obwohl komplizierter als der WIENsche Ausdruck, doch allen Anforderungen der thermodynamischen und elektromagnetischen Theorie ebenso vollkommen Genüge zu leisten scheinen wie dieser.

---

[1]) Siehe [1], S. 732.

Unter den so aufgestellten Ausdrücken ist mir nun einer besonders aufgefallen, der dem WIENschen an Einfachheit am nächsten kommt und der, da letzterer nicht hinreicht, um alle Beobachtungen darzustellen, wohl verdienen würde, daraufhin näher geprüft zu werden. Derselbe ergibt sich, wenn man setzt[1]):

$$\frac{d^2S}{dU^2} = \frac{\alpha}{U(\beta + U)}.$$

Er ist bei weitem der einfachste unter allen Ausdrücken, welche S als logarithmische Funktion von U liefern (was anzunehmen die Wahrscheinlichkeitsrechnung nahe legt) und welche außerdem für kleine Werte von U in den obigen WIENschen Ausdruck übergehen. Mit Benutzung der Beziehung

$$\frac{dS}{dU} = \frac{1}{T}$$

und des WIENschen „Verschiebungsgesetzes"[2]) erhält man hieraus die zweikonstantige Strahlungsformel:

$$E = \frac{C\lambda^{-5}}{e^{c/\lambda T} - 1},$$

welche, soweit ich augenblicklich sehen kann, den Gang der seither publizierten Beobachtungszahlen ebenso befriedigend wiedergibt wie die besten bisher aufgestellten Spektralgleichungen, nämlich die von THIESEN [2][3]), die

[1]) Ich gehe aus von dem zweiten Differentialquotienten von S nach U, weil diese Größe eine einfache physikalische Bedeutung besitzt (s. [1], S. 731).

[2]) Der Ausdruck des WIENschen Verschiebungsgesetzes ist einfach

$$S = f\left(\frac{U}{\nu}\right),$$

wo ν die Schwingungszahl des Resonators bedeutet. Ich werde dies bei einer anderen Gelegenheit darlegen.

[3]) Man findet dort auch bemerkt, daß Hr. THIESEN seine Formel schon aufgestellt hatte, ehe die Herren LUMMER u. PRINGSHEIM ihre Messungen auf größere Wellenlängen ausdehnten, was ich hier hervorhebe, weil ich vor dem Erscheinen der zitierten Publikation eine etwas andere Darstellung gegeben hatte [3].

von LUMMER-JAHNKE [4] und die von LUMMER-PRINGSHEIM [5]. (Wird an einigen Zahlen erläutert.) Ich möchte mir daher erlauben, Ihre Aufmerksamkeit auf diese neue Formel zu lenken, die ich vom Standpunkt der elektromagnetischen Strahlungstheorie aus nächst der WIENschen für die einfachste halte.

Literatur

[1] M. PLANCK, Ann. Phys. **1** (1900) 730.
[2] M. THIESEN, Verh. Dtsch. phys. Ges. Berlin **2** (1900) 67.
[3] M. PLANCK, Ann. Phys. **1** (1900) 719.
[4] O. LUMMER, E. JAHNKE, Ann. Phys. Lpz. **3** (1900) 288.
[5] O. LUMMER, E. PRINGSHEIM, Verh. Dtsch. phys. Ges. Berlin **2** (1900) 174.

2. Zur Theorie des Gesetzes der Energieverteilung im Normalspektrum*)

Von

M. Planck

(Vorgetragen in der Sitzung vom 14. Dezember 1900)

M. H.! Als ich vor mehreren Wochen die Ehre hatte, Ihre Aufmerksamkeit auf eine neue Formel zu lenken, welche mir geeignet schien, das Gesetz der Verteilung der strahlenden Energie auf alle Gebiete des Normalspektrums auszudrücken [1], gründete sich meine Ansicht von der Brauchbarkeit der Formel, wie ich schon damals ausführte, nicht allein auf die anscheinend gute Übereinstimmung der wenigen Zahlen, die ich Ihnen damals mitteilen konnte, mit den bisherigen Messungsresultaten[1]), sondern hauptsächlich auf den einfachen Bau der Formel und insbesondere darauf, daß dieselbe für die Abhängigkeit der Entropie eines bestrahlten monochromatisch schwingenden Resonators von seiner Schwingungsenergie einen sehr einfachen logarithmischen Ausdruck ergibt, welcher die Möglichkeit einer allgemeinen Deutung jedenfalls eher zu versprechen schien als jede andere bisher in Vorschlag gebrachte Formel, abgesehen von der Wienschen, die aber durch die Tatsachen nicht bestätigt wird.

Entropie bedingt Unordnung, und diese Unordnung glaubte ich erblicken zu müssen in der Unregelmäßigkeit, mit der auch im vollkommen stationären Strahlungsfelde die Schwingungen des Resonators ihre Amplitude und ihre Phase wechseln, sofern man Zeitepochen betrachtet, die groß sind gegen die Zeit einer Schwingung, aber klein gegen die Zeit einer Messung. Die konstante Energie des stationär schwingenden Resonators ist danach nur als

*) Verh. Dtsch. phys. Ges. Berlin 2 (1900) 237.

1) Inzwischen haben die Herren H. Rubens und F. Kurlbaum [2] für sehr lange Wellen eine direkte Bestätigung gegeben.

ein zeitlicher Mittelwert aufzufassen oder, was auf dasselbe hinauskommt, als der augenblickliche Mittelwert der Energien einer großen Anzahl von gleichbeschaffenen Resonatoren, die sich im nämlichen stationären Strahlungsfelde weit genug entfernt voneinander befinden, um sich nicht gegenseitig direkt zu beeinflussen. Da somit die Entropie eines Resonators durch die Art der gleichzeitigen Energieverteilung auf viele Resonatoren bedingt ist, so vermutete ich, daß sich diese Größe durch Einführung von Wahrscheinlichkeitsbetrachtungen, deren Bedeutung für den zweiten Hauptsatz der Thermodynamik Hr. L. BOLTZMANN [2] zuerst aufgedeckt hat, in die elektromagnetische Theorie der Strahlung würde berechnen lassen müssen. Diese Vermutung hat sich bestätigt; es ist mir möglich geworden, einen Ausdruck für die Entropie eines monochromatisch schwingenden Resonators, und somit auch für die Verteilung der Energie im stationären Strahlungszustand, d. h. im Normalspektrum, auf deduktivem Wege zu ermitteln, wobei es nur nötig wird, der von mir in die elektromagnetische Theorie eingeführten Hypothese der „natürlichen Strahlung" eine etwas weitergehende Fassung zu geben als bisher. Außerdem aber haben sich hierbei noch andere Beziehungen ergeben, die mir für weitere Gebiete der Physik und auch der Chemie von erheblicher Tragweite zu sein scheinen.

Indessen liegt mir heute nicht sowohl daran, jene Deduktion, welche sich auf die Gesetze der elektromagnetischen Strahlung, der Thermodynamik und der Wahrscheinlichkeitsrechnung stützt, hier systematisch in allen Einzelheiten durchzuführen, als vielmehr daran, Ihnen den eigentlichen Kernpunkt der ganzen Theorie möglichst übersichtlich darzulegen, und dies kann wohl am besten dadurch geschehen, daß ich Ihnen hier ein neues, ganz elementares Verfahren beschreibe, durch welches man, ohne von einer Spektralformel oder auch von irgendeiner Theorie etwas zu wissen, mit Hilfe einer einzigen Naturkonstanten die Verteilung einer gegebenen Energiemenge auf die einzelnen Farben des Normalspektrums und dann mittels einer zweiten Naturkonstanten auch die Temperatur dieser Energiestrahlung zahlenmäßig berechnen kann. Es wird Ihnen bei dem anzugebenden Verfahren manches willkürlich und umständlich erscheinen, aber ich lege hier, wie gesagt, nicht Wert auf den Nachweis der Notwendigkeit und der leichten praktischen Ausführbarkeit, sondern nur auf die Klarheit und Eindeutigkeit der gegebenen Vorschriften zur Lösung der Aufgabe.

In einem von spiegelnden Wänden umschlossenen diathermanen Medium mit der Lichtfortpflanzungsgeschwindigkeit c befinden sich in gehörigen Abständen voneinander eine große Anzahl von linearen monochromatisch schwingenden Resonatoren, und zwar N mit der Schwingungszahl ν (pro Sekunde), N' mit der Schwingungszahl ν', N'' mit der Schwingungszahl ν'' etc., wobei alle N große Zahlen sind. Das System enthalte eine gegebene Menge Energie: die Totalenergie E_t, in erg, die teils in dem Medium als fortschreitende Strahlung, teils in den Resonatoren als Schwingung derselben auftritt. Die Frage ist, wie sich im stationären Zustand diese Energie auf die Schwingungen der Resonatoren und auf die einzelnen Farben der in dem Medium befindlichen Strahlung verteilt und welche Temperatur dann das ganze System besitzt.

Zur Beantwortung dieser Frage fassen wir zuerst nur die Schwingungen der Resonatoren ins Auge, und erteilen ihnen versuchsweise bestimmte willkürliche Energien, nämlich den N Resonatoren ν etwa die Energie E, den N' Resonatoren ν' die Energie E' etc. Natürlich muß die Summe:

$$E + E' + E'' + \ldots = E_0$$

kleiner sein als E_t. Der Rest $E_t - E_0$ entfällt dann auf die im Medium befindliche Strahlung. Nun ist noch die Verteilung der Energie auf die einzelnen Resonatoren innerhalb jeder Gattung vorzunehmen, zuerst die Verteilung der Energie E auf die N Resonatoren mit der Schwingungszahl ν. Wenn E als unbeschränkt teilbare Größe angesehen wird, ist die Verteilung auf unendlich viele Arten möglich. Wir betrachten aber — und dies ist der wesentlichste Punkt der ganzen Berechnung — E als zusammengesetzt aus einer ganz bestimmten Anzahl endlicher gleicher Teile und bedienen uns dazu der Naturkonstanten $h = 6{,}55 \cdot 10^{-27}$ (erg · s). Diese Konstante mit der gemeinsamen Schwingungszahl ν der Resonatoren multipliziert ergibt das Energieelement ε in erg, und durch Division von E durch ε erhalten wir die Anzahl P der Energieelemente, welche unter die N Resonatoren zu verteilen sind. Wenn der so berechnete Quotient keine ganze Zahl ist, so nehme man für P eine in der Nähe gelegene ganze Zahl.

Nun ist einleuchtend, daß die Verteilung der P Energieelemente auf die N Resonatoren nur auf eine endliche ganz bestimmte Anzahl von Arten erfolgen kann. Jede solche Art der Verteilung nennen wir nach einem von Hrn. BOLTZMANN für einen ähnlichen Begriff gebrauchten Ausdruck eine „Komplexion". Bezeichnet man die Resonatoren mit den Ziffern 1, 2, 3, ... bis N, schreibt diese der Reihe nach nebeneinander und setzt unter jeden Resonator die Anzahl der auf ihn entfallenden Energieelemente, so erhält man für jede Komplexion ein Symbol von folgender Form:

1	2	3	4	5	6	7	8	9	10
7	38	11	0	9	2	20	4	4	5

Hier ist $N = 10$, $P = 100$ angenommen. Die Anzahl aller möglichen Komplexionen ist offenbar gleich der Anzahl aller möglichen Ziffernbilder, die man auf diese Weise, bei bestimmten N und P, für die untere Reihe erhalten kann. Um jedes Mißverständnis auszuschließen, sei noch bemerkt, daß zwei Komplexionen als verschieden anzusehen sind, wenn die entsprechenden

Ziffernbilder dieselben Ziffern, aber in verschiedener Anordnung, enthalten. Aus der Kombinationslehre ergibt sich die Anzahl aller möglichen Komplexionen zu

$$\frac{N \cdot (N+1) \cdot (N+2) \ldots (N+P-1)}{1 \cdot 2 \cdot 3 \ldots P} = \frac{(N+P-1)!}{(N-1)!\,P!}$$

und mit genügender Annäherung

$$= \frac{(N+P)^{N+P}}{N^N P^P}.$$

Dieselbe Rechnung führen wir bei den Resonatoren der übrigen Gattungen aus, indem wir für jede Resonatorgattung die Anzahl der bei der für sie angenommenen Energie möglichen Komplexionen bestimmen. Die Multiplikation aller so erhaltenen Zahlen ergibt dann die Gesamtzahl $\mathfrak{R}$ der bei der versuchsweise vorgenommenen Energieverteilung in allen Resonatoren zusammengenommen möglichen Komplexionen.

So entspricht auch jeder anderen willkürlich vorgenommenen Energieverteilung $E, E', E'', \ldots$ eine in der angegebenen Weise zu bestimmende Zahl $\mathfrak{R}$ von möglichen Komplexionen. Unter allen Energieverteilungen nun, welche bei konstant gehaltenem $E_0 = E + E' + E'' + \ldots$ möglich sind, gibt es eine einzige ganz bestimmte, für welche die Zahl der möglichen Komplexionen $\mathfrak{R}_0$ größer ist als für jede andere; diese Energieverteilung suchen wir auf, eventuell durch Probieren; denn sie ist gerade diejenige, welche die Resonatoren im stationären Strahlungsfelde annehmen, wenn sie insgesamt die Energie E_0 besitzen. Dann lassen sich alle Größen $E, E', E'', \ldots$ durch die eine Größe E_0 ausdrücken. Durch Division von E durch N, von E' durch N' etc. erhält man dann den stationären Wert der Energie $U_\nu, U'_{\nu'}, U''_{\nu''}, \ldots$ eines einzelnen Resonators einer jeden Gattung, und daraus auch die räumliche

Dichtigkeit der dem Spektralbezirk ν bis $\nu + \mathrm{d}\nu$ angehörenden strahlenden Energie im diathermanen Medium:

$$u_\nu \,\mathrm{d}\nu = \frac{8\pi\nu^2}{c^3} U_\nu \,\mathrm{d}\nu,$$

wodurch auch die in dem Medium enthaltene Energie bestimmt ist.

Von allen angeführten Größen erscheint jetzt nur noch E_0 als willkürlich gewählt. Man sieht aber leicht, wie auch noch E_0 aus der gegebenen totalen Energie E_t zu berechnen ist. Denn wenn der gewählte Wert von E_0 etwa einen zu großen Wert von E_t ergeben sollte, so ist er entsprechend zu verkleinern, und umgekehrt.

Nachdem so die stationäre Energieverteilung mit Hilfe der einen Konstanten h ermittelt ist, findet man die entsprechende Temperatur ϑ in Celsiusgraden[1]) mittels einer zweiten Naturkonstanten $k = 1{,}346 \cdot 10^{-16}$ (erg/grd) durch die Gleichung:

$$\frac{1}{\vartheta} = k \frac{\mathrm{d} \log \mathfrak{R}_0}{\mathrm{d} E_0}.$$

Das Produkt $k \log \mathfrak{R}_0$ ist die Entropie des Systems der Resonatoren; sie ist die Summe der Entropien aller einzelnen Resonatoren.

Es würde nun freilich sehr umständlich sein, die angegebenen Rechnungen wirklich auszuführen, obwohl es gewiß nicht ohne Interesse wäre, an einem einfachen Fall einmal den so zu erreichenden Grad von Annäherung an die Wahrheit zu prüfen. Viel direkter zeigt eine allgemeinere, genau an der Hand der gegebenen Vorschriften ausgeführte durchaus mühelose Rechnung, daß die auf solche Weise bestimmte normale Energieverteilung im durchstrahlten Medium dargestellt wird

1) So im Original. Muß offenbar Kelvingrad heißen [D. T. H.].

durch den Ausdruck:

$$u_\nu \, d\nu = \frac{8\pi h\nu^3}{c^3} \frac{d\nu}{e^{h\nu/k\vartheta} - 1},$$

welcher genau der von mir früher angegebenen Spektralformel entspricht:

$$E_\lambda \, d\lambda = \frac{c_1 \lambda^{-5}}{e^{c_2/\lambda\vartheta} - 1} \, d\lambda.$$

Die formalen Abweichungen sind bedingt durch die Unterschiede in der Definition von u_ν und E_λ. Die obere Formel ist insofern etwas allgemeiner, als sie für ein ganz beliebiges diathermanes Medium mit der Lichtfortpflanzungsgeschwindigkeit c gilt. Die mitgeteilten Zahlenwerte von h und k habe ich aus dieser Formel nach den Messungen von K. Kurlbaum [4] und von O. Lummer und E. Pringsheim [5] berechnet.[1])

Ich wende mich noch mit einigen kurzen Bemerkungen zu der Frage nach der Notwendigkeit der angegebenen Deduktion. Daß das für eine Resonatorgattung angenommene Energieelement ε proportional sein muß der Schwingungszahl ν, läßt sich unmittelbar aus dem höchst wichtigen Wienschen sogenannten Verschiebungsgesetz folgern. Die Beziehung zwischen u und U ist eine der Grundgleichungen der elektromagnetischen Strahlungstheorie. Im übrigen basiert die ganze Deduktion auf dem einen Satz, daß die Entropie eines Systems von Resonatoren mit gegebener Energie proportional ist dem Logarithmus der Gesamtzahl der bei dieser Energie möglichen Komplexionen, und dieser Satz läßt sich seinerseits zerlegen in zwei andere: 1. daß die Entropie des Systems in einem bestimmten Zustand proportional ist dem Logarithmus der Wahrscheinlichkeit dieses Zustandes und 2. daß die Wahrscheinlichkeit eines

[1]) F. Kurlbaum gibt $S_{100} - S_0 = 0{,}0731 \, \mathrm{W\,cm^{-2}}$ an, während O. Lummer und E. Pringsheim $\lambda_m/\vartheta = 2940 \, \mu \cdot \mathrm{grd}$ angeben.

jeden Zustandes proportional ist der Anzahl der ihm entsprechenden Komplexionen, oder mit anderen Worten, daß irgend eine bestimmte Komplexion ebenso wahrscheinlich ist als irgendeine andere bestimmte Komplexion. Der 1. Satz kommt, auf Strahlungsvorgänge angewandt, wohl nur auf eine Definition der Wahrscheinlichkeit eines Zustandes hinaus, insofern man bei der Energiestrahlung von vornherein gar kein anderes Mittel besitzt, um die Wahrscheinlichkeit zu definieren, als eben die Bestimmung der Entropie. Hier liegt einer der Unterschiede gegenüber den entsprechenden Verhältnissen in der kinetischen Gastheorie. Der 2. Satz bildet den Kernpunkt der ganzen vorliegenden Theorie; sein Beweis kann in letzter Linie nur durch die Erfahrung geliefert werden. Er läßt sich auch als eine nähere Präzisierung der von mir eingeführten Hypothese der natürlichen Strahlung auffassen, die ich bisher nur in der Form ausgesprochen habe, daß die Energie der Strahlung sich vollkommen „unregelmäßig" auf die einzelnen in ihr enthaltenen Partialschwingungen verteilt [6].[1]) Ich beabsichtige die hier nur angedeuteten Überlegungen nächstens an anderer Stelle ausführlich mit allen Rechnungen mitzuteilen, zugleich mit einem Rückblick auf die bisherige Entwicklung der Theorie.

Zum Schluß möchte ich noch auf eine wichtige Konsequenz der entwickelten Theorie hinweisen, die zugleich

[1]) Wenn Hr. W. Wien in seinem Pariser Rapport (II, S. 38, 1900) über die theoretischen Gesetze der Strahlung meine Theorie der irreversiblen Strahlungsvorgänge deshalb nicht befriedigend findet, weil sie nicht den Nachweis erbringe, daß die Hypothese der natürlichen Strahlung die einzige ist, welche zur Irreversibilität führt, so verlangt er nach meiner Meinung von dieser Hypothese doch wohl etwas zu viel. Denn wenn man die Hypothese beweisen könnte, so wäre es eben keine Hypothese mehr, und man brauchte eine solche überhaupt gar nicht erst aufzustellen. Dann würde man aber auch nichts wesentlich Neues aus ihr ableiten können. Von demselben Standpunkt aus müßte doch wohl auch die kinetische Gastheorie als unbefriedigend erklärt werden, weil der Nachweis noch nicht erbracht ist, daß die atomistische Hypothese die einzige ist, welche die Irreversibilität erklärt, und ein entsprechender Vorwurf dürfte mehr oder minder alle nur auf induktivem Wege gewonnenen Theorien treffen.

eine weitere Prüfung ihrer Zulässigkeit ermöglicht. Hr. BOLTZMANN [7] hat gezeigt, daß die Entropie eines im Gleichgewicht befindlichen einatomigen Gases gleich ist $\omega R \log \mathfrak{P}_0$, wobei $\mathfrak{P}_0$ die Anzahl der bei der wahrscheinlichsten Geschwindigkeitsverteilung möglichen Komplexionen (die „Permutabilität"), R die bekannte Gaskonstante ($8{,}31 \cdot 10^7$ für $O = 16$), ω das für alle Substanzen gleiche Verhältnis der Masse eines wirklichen Moleküles zur Masse eines g-Moleküls darstellt. Sind nun in dem Gase auch strahlende Resonatoren vorhanden, so ist nach der hier entwickelten Theorie die Entropie des ganzen Systems proportional dem Logarithmus der Zahl aller möglicher Komplexionen, Geschwindigkeiten und Strahlung zusammengenommen. Da aber nach der elektromagnetischen Theorie der Strahlung die Geschwindigkeiten der Atome vollkommen unabhängig sind von der Verteilung der strahlenden Energie, so ist die Gesamtzahl der Komplexionen einfach gleich dem Produkte der auf die Geschwindigkeiten und der auf die Strahlung bezüglichen Zahlen, mithin die Gesamtentropie, wenn f einen Proportionalitätsfaktor bedeutet:

$$f \log (\mathfrak{P}_0 \mathfrak{R}_0) = f \log \mathfrak{P}_0 + f \log \mathfrak{R}_0.$$

Der erste Summand ist die kinetische, der zweite die Strahlungsentropie. Durch Vergleichung mit den vorigen Ausdrücken erhält man hieraus:

$$f = \omega R = k,$$

oder

$$\omega = \frac{k}{R} = 1{,}62 \cdot 10^{-24},$$

d. h., ein wirkliches Molekül ist das $1{,}62 \cdot 10^{-24}$fache eines g-Moleküles, oder: ein Wasserstoffatom wiegt $1{,}64 \cdot 10^{-24}$ g, da $H = 1{,}01$, oder: auf ein g-Molekül eines jeden

Stoffes gehen $1/\omega = 6{,}175 \cdot 10^{23}$ wirkliche Moleküle. Hr. O. E. MEYER [8] berechnet diese Zahl auf $640 \cdot 10^{21}$, also nahe übereinstimmend.

Die LOSCHMIDTsche Konstante $\mathfrak{N}$, d. h. die Anzahl Gasmoleküle in 1 cm³ bei 0 °C und 1 atm Druck ist:

$$\mathfrak{N} = \frac{1013200}{R \cdot 273 \cdot \omega} = 2{,}76 \cdot 10^{19}.$$

Hr. DRUDE [9] findet $\mathfrak{N} = 2{,}1 \cdot 10^{19}$.

Die BOLTZMANN-DRUDEsche Konstante α, d. h., die mittlere lebendige Kraft eines Atomes bei der absoluten Temperatur 1 ist:

$$\alpha = {}^3/_2 \omega R = {}^3/_2 k = 2{,}02 \cdot 10^{-16}.$$

Hr. DRUDE [9] findet $\alpha = 2{,}65 \cdot 10^{-16}$.

Das Elementarquantum der Elektrizität e, d. h. die elektrische Ladung eines positiven einwertigen Ions oder Elektrons ist, wenn ε die bekannte Ladung eines einwertigen g-Ions bedeutet:

$$e = \varepsilon \omega = 4{,}69 \cdot 10^{-10} \text{ elektrostatisch.}$$

Hr. F. RICHARZ [10] findet $1{,}29 \cdot 10^{-10}$, Hr. J. J. THOMSON [11] neuerdings $6{,}5 \cdot 10^{-10}$.

Alle diese Beziehungen beanspruchen, wenn die Theorie überhaupt richtig ist, nicht annähernde, sondern absolute Gültigkeit. Daher fällt die Genauigkeit der berechneten Zahlen wesentlich mit derjenigen der relativ unsichersten, der Strahlungskonstanten k, zusammen, und übertrifft somit bei weitem alle bisherigen Bestimmungen dieser Größen. Ihre Prüfung durch direktere Methoden wird eine ebenso wichtige wie notwendige Aufgabe der weiteren Forschung sein.

Literatur

[1] M. Planck, Verh. Dtsch. phys. Ges. Berlin **2** (1900) 202 (nachgedruckt als Arbeit 1 in diesem Band).
[2] H. Rubens und F. Kurlbaum, Sitz.-Ber. Preuß. Akad. Wiss. (1900) 929.
[3] L. Boltzmann, Sitz.-Ber. Akad. Wiss. Wien **76** (1877) 373.
[4] F. Kurlbaum, Ann. Phys. **65** (1898) 759.
[5] O. Lummer und E. Pringsheim, Verh. Dtsch. phys. Ges. Berlin **2** (1900) 176.
[6] M. Planck, Ann. Phys. **1** (1900) 73.
[7] L. Boltzmann, Sitz.-Ber. Akad. Wiss. Wien **76** (1877) 428.
[8] O. E. Mayer, Die kinetische Theorie der Gase, 2. Aufl. 1899, S. 337.
[9] P. Drude, Ann. Phys. **1** (1900) 578.
[10] F. Richarz, Ann. Phys. **52** (1894) 397.
[11] J. J. Thomson, Philos. Mag. **46** (1898) 528.

3. Über einen die Erzeugung und Verwandlung des Lichtes betreffenden heuristischen Gesichtspunkt*)

Von

A. Einstein

Zwischen den theoretischen Vorstellungen, welche sich die Physiker über die Gase und andere ponderable Körper gebildet haben, und der Maxwellschen Theorie der elektromagnetischen Prozesse im sogenannten leeren Raume besteht ein tiefgreifender formaler Unterschied. Während wir uns nämlich den Zustand eines Körpers durch die Lagen und Geschwindigkeiten einer zwar sehr großen, jedoch endlichen Anzahl von Atomen und Elektronen für vollkommen bestimmt ansehen, bedienen wir uns zur Bestimmung des elektromagnetischen Zustandes eines Raumes kontinuierlicher räumlicher Funktionen, so daß also eine endliche Anzahl von Größen nicht als genügend anzusehen ist zur vollständigen Festlegung des elektromagnetischen Zustandes eines Raumes. Nach der Maxwellschen Theorie ist bei allen rein elektromagnetischen Erscheinungen, also auch beim Licht, die Energie als kontinuierliche Raumfunktion aufzufassen, während die Energie eines ponderablen Körpers nach der gegenwärtigen Auffassung der Physiker als eine über die Atome und Elektronen erstreckte Summe darzustellen ist. Die Energie eines ponderablen Körpers kann nicht in beliebig viele, beliebig kleine Teile zerfallen, während sich die Energie eines von einer punktförmigen Lichtquelle ausgesandten Lichtstrahles nach der Maxwellschen Theorie (oder allgemeiner nach jeder Undulationstheorie) des Lichtes auf ein stets wachsendes Volumen sich kontinuierlich verteilt.

Die mit kontinuierlichen Raumfunktionen operierende

---

*) Ann. Phys. **17** (1905) 132.

Undulationstheorie des Lichtes hat sich zur Darstellung der rein optischen Phänomene vortrefflich bewährt und wird wohl nie durch eine andere Theorie ersetzt werden. Es ist jedoch im Auge zu behalten, daß sich die optischen Beobachtungen auf zeitliche Mittelwerte, nicht aber auf Momentanwerte beziehen, und es ist trotz der vollständigen Bestätigung der Theorie der Beugung, Reflexion, Brechung, Dispersion etc. durch das Experiment wohl denkbar, daß die mit kontinuierlichen Raumfunktionen operierende Theorie des Lichtes zu Widersprüchen mit der Erfahrung führt, wenn man sie auf die Erscheinungen der Lichterzeugung und Lichtverwandlung anwendet.

Es scheint mir nun in der Tat, daß die Beobachtungen über die „schwarze Strahlung", Photolumineszenz, die Erzeugung von Kathodenstrahlen durch ultraviolettes Licht und andere die Erzeugung bzw. Verwandlung des Lichtes betreffende Erscheinungsgruppen besser verständlich erscheinen unter der Annahme, daß die Energie des Lichtes diskontinuierlich im Raume verteilt sei. Nach der hier ins Auge zu fassenden Annahme ist bei Ausbreitung eines von einem Punkte ausgehenden Lichtstrahles die Energie nicht kontinuierlich auf größer und größer werdende Räume verteilt, sondern es besteht dieselbe aus einer endlichen Zahl von in Raumpunkten lokalisierten Energiequanten, welche sich bewegen, ohne sich zu teilen und nur als Ganze absorbiert und erzeugt werden können.

Im folgenden will ich den Gedankengang mitteilen und die Tatsachen anführen, welche mit auf diesen Weg geführt haben, in der Hoffnung, daß der darzulegende Gesichtspunkt sich einigen Forschern bei ihren Untersuchungen als brauchbar erweisen möge.

§ 1. *Über eine die Theorie der „schwarzen Strahlung" betreffende Schwierigkeit*

Wir stellen uns zunächst auf den Standpunkt der MAXWELLschen Theorie und Elektronentheorie und betrachten folgenden Fall. In einem von vollkommen reflektierenden Wänden eingeschlossenen Raume befinde sich eine Anzahl Gasmoleküle und Elektronen, welche freibeweglich sind und aufeinander konservative Kräfte ausüben, wenn sie einander sehr nahe kommen, d. h. miteinander wie Gasmoleküle nach der kinetischen Gastheorie zusammenstoßen können.[1]) Eine Anzahl Elektronen sei ferner an voneinander weit entfernte Punkte des Raumes gekettet durch nach diesen Punkten gerichtete, den Elongationen proportionale Kräfte. Auch diese Elektronen sollen mit den freien Molekülen und Elektronen in konservative Wechselwirkung treten, wenn ihnen letztere sehr nahe kommen. Wir nennen die an Raumpunkte geketteten Elektronen „Resonatoren"; sie senden elektromagnetische Wellen bestimmter Periode aus und absorbieren solche.

Nach der gegenwärtigen Ansicht über die Entstehung des Lichtes müßte die Strahlung im betrachteten Raume, welche unter Zugrundelegung der Maxwellschen Theorie für den Fall des dynamischen Gleichgewichtes gefunden wird, mit der „schwarzen Strahlung" identisch sein — wenigstens wenn Resonatoren aller in Betracht zu ziehenden Frequenzen als vorhanden angesehen werden.

Wir sehen vorläufig von der von den Resonatoren emittierten und absorbierten Strahlung ab und fragen nach der der Wechselwirkung (den Zusammenstößen) von Molekülen und Elektronen entsprechenden Bedingung für das dynamische Gleichgewicht. Die kinetische Gastheorie liefert für letzteres die Bedingung, daß die mittlere lebendige Kraft eines Resonatorelektrons gleich der mittleren kinetischen Energie der fortschreitenden Bewegung eines Gasmoleküls sein muß. Zerlegen wir die Bewegung des Resonatorelektrons in drei aufeinander senkrechte Schwingungsbewegungen, so finden wir für den

---

[1]) Diese Annahme ist gleichbedeutend mit der Voraussetzung, daß die mittleren kinetischen Energien von Gasmolekülen und Elektronen bei Temperaturgleichgewicht einander gleich seien. Mit Hilfe letzterer Voraussetzung hat Hr. Drude bekanntlich das Verhältnis von thermischem und elektrischem Leitungsvermögen der Metalle auf theoretischem Wege abgeleitet.

Mittelwert $\bar{\bar{E}}$ der Energie einer solchen geradlinigen Schwingungsbewegung

$$\bar{\bar{E}} = \frac{R}{N} T,$$

wobei R die absolute Gaskonstante, N die Anzahl der „wirklichen Moleküle" in einem Grammäquivalent und T die absolute Temperatur bedeutet. Die Energie $\bar{\bar{E}}$ ist nämlich wegen der Gleichheit der zeitlichen Mittelwerte von kinetischer und potentieller Energie des Resonators $^2/_3$mal so groß wie die lebendige Kraft eines freien, einatomigen Gasmoleküles. Würde nun durch irgend eine Ursache — in unserem Falle durch Strahlungsvorgänge — bewirkt, daß die Energie eines Resonators einen größeren oder kleineren zeitlichen Mittelwert als $\bar{\bar{E}}$ besitzt, so würden die Zusammenstöße mit den freien Elektronen und Molekülen zu einer im Mittel von Null verschiedenen Energieabgabe an das Gas bzw. Energieaufnahme von dem Gas führen. Es ist also in dem von uns betrachteten Falle dynamisches Gleichgewicht nur dann möglich, wenn jeder Resonator die mittlere Energie $\bar{\bar{E}}$ besitzt.

Eine ähnliche Überlegung machen wir jetzt bezüglich der Wechselwirkung der Resonatoren und der im Raume vorhandenen Strahlung. Hr. PLANCK hat für diesen Fall die Bedingung des dynamischen Gleichgewichtes abgeleitet [1] unter der Voraussetzung, daß die Strahlung als ein denkbar ungeordnetster Prozeß[1]) betrachtet wer-

---

[1]) Diese Voraussetzung läßt sich folgendermaßen formulieren. Wir entwickeln die Z-Komponente der elektrischen Kraft (Z) in einem beliebigen Punkte des betreffenden Raumes zwischen den Zeitgrenzen $t = 0$ und $t = T$ (wobei T eine relativ zu allen in Betracht zu ziehenden Schwingungsdauern sehr große Zeit bedeute) in eine FOURIERsche Reihe

$$Z = \sum_{\nu=1}^{\nu=\infty} A_\nu \sin\left(2\pi\nu \frac{t}{T} + \alpha_\nu\right),$$

wobei $A_\nu \geqq 0$ und $0 \leqq \alpha_\nu \leqq 2\pi$. Denkt man sich in demselben Raumpunkte eine solche Entwickelung beliebig oft bei zufällig gewählten Anfangspunkten der Zeit ausgeführt, so wird man für die Größen A_ν und α_ν verschiedene Wert-

den kann. Er fand:

$$\bar{E}_\nu = \frac{L^3}{8\pi\nu^2}\varrho_\nu.$$

$\bar{E}_\nu$ ist hierbei die mittlere Energie eines Resonators von der Eigenfrequenz ν (pro Schwingungskomponente), L die Lichtgeschwindigkeit, ν die Frequenz und $\varrho_\nu\,d\nu$ die Energie pro Volumeinheit desjenigen Teiles der Strahlung, dessen Schwingungszahl zwischen ν und $\nu + d\nu$ liegt.

Soll die Strahlungsenergie von der Frequenz ν nicht beständig im Ganzen weder vermindert noch vermehrt werden, so muß gelten:

$$\frac{R}{N}T = \bar{E} = \bar{E}_\nu = \frac{L^3}{8\pi\nu^2}\varrho_\nu,$$

$$\varrho_\nu = \frac{R}{N}\frac{8\pi\nu^2}{L^3}T.$$

Diese als Bedingung des dynamischen Gleichgewichtes gefundene Beziehung entbehrt nicht nur der Übereinstimmung mit der Erfahrung, sondern sie besagt auch, daß in unserem Bilde von einer bestimmten Energieverteilung zwischen Äther und Materie nicht die Rede sein kann. Je weiter nämlich der Schwingungszahlenbereich der Reso-

systeme erhalten. Es existieren dann für die Häufigkeit der verschiedenen Wertekombinationen der Größen A_ν und α_ν (statistische) Wahrscheinlichkeiten dW von der Form:

$$dW = f(A_1 A_2 \ldots \alpha_1 \alpha_2 \ldots)\, dA_1\, dA_2 \ldots d\alpha_1\, d\alpha_2 \ldots$$

Die Strahlung ist dann eine denkbar ungeordnetste, wenn

$$f(A_1, A_2 \ldots \alpha_1, \alpha_2 \ldots) = F_1(A_1)F_2(A_2) \ldots f_1(\alpha_1)\, f_2(\alpha_2) \ldots,$$

d. h., wenn die Wahrscheinlichkeit eines bestimmten Wertes einer der Größen A bez. α von den Werten, welche die anderen Größen A bez. x besitzen, unabhängig ist. Mit je größerer Annäherung die Bedingung erfüllt ist, daß die einzelnen Paare von Größen A_ν und α_ν von Emissions- und Absorptionsprozessen *besonderer* Resonatorengruppen abhängen, mit desto größerer Annäherung wird also in dem von uns betrachteten Falle die Strahlung als eine „denkbar ungeordnetste" anzusehen sein.

natoren gewählt wird, desto größer wird die Strahlungsenergie des Raumes, und wir erhalten in der Grenze

$$\int_0^\infty \varrho_\nu \, \mathrm{d}\nu = \frac{R}{N} \frac{8\pi}{L^3} T \int_0^\infty \nu^2 \, \mathrm{d}\nu = \infty.$$

§ 2. *Über die* PLANCK*sche Bestimmung der Elementarquanta*

Wir wollen im folgenden zeigen, daß die von Hrn. PLANCK gegebene Bestimmung der Elementarquanta von der von ihm aufgestellten Theorie der „schwarzen Strahlung" bis zu einem gewissen Grade unabhängig ist.

Die allen bisherigen Erfahrungen genügende PLANCKsche Formel [2] für ϱ_ν lautet

$$\varrho_\nu = \frac{\alpha \nu^3}{e^{\beta\nu/T} - 1},$$

wobei

$$\alpha = 6{,}10 \cdot 10^{-56},$$

$$\beta = 4{,}866 \cdot 10^{-11}.$$

Für große Werte von T/ν, d. h. für große Wellenlängen und Strahlungsdichten geht diese Formel in der Grenze in folgende über:

$$\varrho_\nu = \frac{\alpha}{\beta} \nu^2 T.$$

Man erkennt, daß diese Formel mit der in § 1 aus der MAXWELLschen und der Elektronentheorie entwickelten übereinstimmt. Durch Gleichsetzung der Koeffizienten beider Formeln erhält man:

$$\frac{R}{N} \frac{8\pi}{L^3} = \frac{\alpha}{\beta}$$

oder

$$N = \frac{\beta}{\alpha} \frac{8\pi R}{L^3} = 6{,}17 \cdot 10^{23},$$

d. h. ein Atom Wasserstoff wiegt $1/N$ Gramm $= 1{,}62 \times 10^{-24}$ g. Dies ist genau der von Hrn. PLANCK gefundene Wert, welcher mit den auf anderen Wegen gefundenen Werten für diese Größe befriedigend übereinstimmt.

Wir gelangen daher zu dem Schlusse: Je größer die Energiedichte und die Wellenlänge einer Strahlung ist, als um so brauchbarer erweisen sich die von uns benutzten theoretischen Grundlagen; für kleine Wellenlängen und kleine Strahlungsdichten aber versagen dieselben vollständig.

Im folgenden soll die „schwarze Strahlung" im Anschluß an die Erfahrung ohne Zugrundelegung eines Bildes über die Erzeugung und Ausbreitung der Strahlung betrachtet werden.

§ 3. *Über die Entropie der Strahlung*

Die folgende Betrachtung ist in einer berühmten Arbeit des Hrn. W. WIEN enthalten und soll hier nur der Vollständigkeit halber Platz finden.

Es liegt eine Strahlung vor, welche das Volumen v einnehme. Wir nehmen an, daß die wahrnehmbaren Eigenschaften der vorliegenden Strahlung vollkommen bestimmt seien, wenn die Strahlungsdichte $\varrho(\nu)$ für alle Frequenzen gegeben ist.[1]) Da Strahlungen von verschiedenen Frequenzen als ohne Arbeitsleistung und ohne Wärmezufuhr voneinander trennbar anzusehen sind, so ist die Entropie der Strahlung in der Form

$$S = v \int_0^\infty \varphi(\varrho, \nu)\, d\nu$$

darstellbar, wobei φ eine Funktion der Variablen ϱ und ν bedeutet. Es kann φ auf eine Funktion von nur einer

[1]) Diese Annahme ist eine willkürliche. Man wird naturgemäß an dieser einfachsten Annahme so lange festhalten, als nicht das Experiment dazu zwingt, sie zu verlassen.

Variabeln reduziert werden durch Formulierung der Aussage, daß durch adiabatische Kompression einer Strahlung zwischen spiegelnden Wänden, deren Entropie nicht geändert wird. Wir wollen jedoch hierauf nicht eintreten, sondern sogleich untersuchen, wie die Funktion φ aus dem Strahlungsgesetz des schwarzen Körpers ermittelt werden kann.

Bei der „schwarzen Strahlung" ist ϱ eine solche Funktion von ν, daß die Entropie bei gegebener Energie ein Maximum ist, d. h. daß

$$\delta \int_0^\infty \varphi(\varrho, \nu)\, d\nu = 0,$$

wenn

$$\delta \int_0^\infty \varrho\, d\nu \qquad = 0.$$

Hieraus folgt, daß für jede Wahl des $\delta\varrho$ als Funktion von ν

$$\int_0^\infty \left(\frac{\partial \varphi}{\partial \varrho} - \lambda\right) \delta\varrho\, d\nu = 0,$$

wobei λ von ν unabhängig ist. Bei der schwarzen Strahlung ist also $\partial\varphi/\partial\varrho$ von ν unabhängig.

Für die Temperaturzunahme einer schwarzen Strahlung vom Volumen $v = 1$ und dT gilt die Gleichung:

$$dS = \int_{\nu=0}^{\nu=\infty} \frac{\partial \varphi}{\partial \varrho}\, d\varrho\, d\nu,$$

oder, da $\partial\varphi/\partial\varrho$ von ν unabhängig ist:

$$dS = \frac{\partial \varphi}{\partial \varrho}\, dE.$$

Da dE gleich der zugeführten Wärme und der Vorgang umkehrbar ist, so gilt auch:

$$dS = \frac{1}{T}\, dE.$$

Durch Vergleich erhält man:

$$\frac{\partial \varphi}{\partial \varrho} = \frac{1}{T}.$$

Dies ist das Gesetz der schwarzen Strahlung. Man kann also aus der Funktion φ das Gesetz der schwarzen Strahlung und umgekehrt aus letzterem die Funktion φ durch Integration bestimmen mit Rücksicht darauf, daß φ für $\varrho = 0$ verschwindet.

§ *4. Grenzgesetz für die Entropie der monochromatischen Strahlung bei geringer Strahlungsdichte*

Aus den bisherigen Beobachtungen über die „schwarze Strahlung" geht zwar hervor, daß das ursprünglich von Hrn. W. WIEN für die „schwarze Strahlung" aufgestellte Gesetz

$$\varrho = \alpha \nu^3 e^{-\beta \nu / T}$$

nicht genau gültig ist. Dasselbe wurde aber für große Werte von ν/T sehr vollkommen durch das Experiment bestätigt. Wir legen diese Formel unseren Rechnungen zugrunde, behalten aber im Sinne, daß unsere Resultate nur innerhalb gewisser Grenzen gelten.

Aus dieser Formel ergibt sich zunächst:

$$\frac{1}{T} = -\frac{1}{\beta \nu} \lg \frac{\varrho}{\alpha \nu^3}$$

und weiter unter Benutzung der in dem vorigen Paragraphen gefundenen Beziehung:

$$\varphi(\varrho, \nu) = -\frac{\varrho}{\beta \nu} \left\{ \lg \frac{\varrho}{\alpha \nu^3} - 1 \right\}.$$

Es sei nun eine Strahlung von der Energie E gegeben, deren Frequenz zwischen ν und $\nu + d\nu$ liegt. Die Strahlung nehme das Volumen v ein. Die Entropie dieser Strahlung ist:

$$S = v\varphi(\varrho, \nu)\,\mathrm{d}\nu = -\frac{E}{\beta\nu}\left\{\lg\frac{E}{v\alpha\nu^3\,\mathrm{d}\nu} - 1\right\}.$$

Beschränken wir uns darauf, die Abhängigkeit der Entropie von dem von der Strahlung eingenommenen Volumen zu untersuchen, und bezeichnen wir die Entropie der Strahlung mit S_0, falls dieselbe das Volumen v_0 besitzt, so erhalten wir:

$$S - S_0 = \frac{E}{\beta\nu}\lg\left(\frac{v}{v_0}\right).$$

Diese Gleichung zeigt, daß die Entropie einer monochromatischen Strahlung von genügend kleiner Dichte nach dem gleichen Gesetze mit dem Volumen variiert wie die Entropie eines idealen Gases oder die einer verdünnten Lösung. Die soeben gefundene Gleichung soll im folgenden interpretiert werden unter Zugrundelegung des von Hrn. Boltzmann in die Physik eingeführten Prinzips, nach welchem die Entropie eines Systems eine Funktion der Wahrscheinlichkeit seines Zustandes ist.

§ 5. *Molekulartheoretische Untersuchung der Abhängigkeit der Entropie von Gasen und verdünnten Lösungen vom Volumen*

Bei Berechnung der Entropie auf molekulartheoretischem Wege wird häufig das Wort „Wahrscheinlichkeit" in einer Bedeutung angewendet, die sich nicht mit der Definition der Wahrscheinlichkeit deckt, wie sie in der Wahrscheinlichkeitsrechnung gegeben wird. Insbesondere werden die „Fälle gleicher Wahrscheinlichkeit" häufig hypothetisch festgesetzt in Fällen, wo die angewendeten theoretischen Bilder bestimmt genug sind, um statt jener hypothetischen Festsetzung eine Deduktion zu geben.

Ich will in einer besonderen Arbeit zeigen, daß man bei Betrachtungen über thermische Vorgänge mit der sogenannten „statistischen Wahrscheinlichkeit“ vollkommen auskommt und hoffe dadurch eine logische Schwierigkeit zu beseitigen, welche der Durchführung des BOLTZMANNschen Prinzips noch im Wege steht. Hier aber soll nur dessen allgemeine Formulierung und dessen Anwendung auf ganze spezielle Fälle gegeben werden.

Wenn es einen Sinn hat, von der Wahrscheinlichkeit eines Zustandes eines Systems zu reden, wenn ferner jede Entropiezunahme als ein Übergang zu einem wahrscheinlicheren Zustande aufgefaßt werden kann, so ist die Entropie S_1 eines Systems eine Funktion der Wahrscheinlichkeit W_1 seines momentanen Zustandes. Liegen also zwei nicht miteinander in Wechselwirkung stehende Systeme S_1 und S_2 vor, so kann man setzen:

$$S_1 = \varphi_1(W_1),$$

$$S_2 = \varphi_2(W_2).$$

Betrachtet man diese beiden Systeme als ein einziges System von der Entropie S und der Wahrscheinlichkeit W, so ist:

$$S = S_1 + S_2 = \varphi(W)$$

und

$$W = W_1 W_2.$$

Die letztere Beziehung sagt aus, daß die Zustände der beiden Systeme voneinander unabhängige Ereignisse sind.

Aus diesen Gleichungen folgt:

$$\varphi(W_1 \cdot W_2) = \varphi_1(W_1) + \varphi_2(W_2)$$

und hieraus endlich

$$\varphi_1(W_1) = C \lg(W_1) + \text{konst.},$$

$$\varphi_2(W_2) = C \lg(W_2) + \text{konst.},$$

$$\varphi\ (W\ ) = C \lg(W\ ) + \text{konst.}$$

Die Größe C ist also eine universelle Konstante; sie hat, wie aus der kinetischen Gastheorie folgt, den Wert R/N, wobei den Konstanten R und N dieselbe Bedeutung wie oben beizulegen ist. Bedeutet S_0 die Entropie bei einem gewissen Anfangszustande eines betrachteten Systems und W die relative Wahrscheinlichkeit eines Zustandes von der Entropie S, so erhalten wir also allgemein:

$$S - S_0 = \frac{R}{N} \lg W.$$

Wir behandeln zunächst folgenden Spezialfall. In einem Volumen v_0 sei eine Anzahl (n) beweglicher Punkte (z. B. Moleküle) vorhanden, auf welche sich unsere Überlegung beziehen soll. Außer diesen können in dem Raume noch beliebig viele andere bewegliche Punkte irgendwelcher Art vorhanden sein. Über das Gesetz, nach dem sich die betrachteten Punkte in dem Raume bewegen, sei nichts vorausgesetzt, als daß in bezug auf diese Bewegung kein Raumteil (und keine Richtung) von den anderen ausgezeichnet sei. Die Anzahl der betrachteten (ersterwähnten) beweglichen Punkte sei ferner so klein, daß von einer Wirkung der Punkte aufeinander abgesehen werden kann.

Dem betrachteten System, welches z. B. ein ideales Gas oder eine verdünnte Lösung sein kann, kommt eine gewisse Entropie S_0 zu. Wir denken uns einen Teil des Volumens v_0 von der Größe v und alle n beweglichen Punkte in das Volumen v versetzt, ohne daß an dem System sonst etwas geändert wird. Diesem Zustand kommt offenbar ein anderer Wert der Entropie (S) zu, und wir wollen nun die Entropiedifferenz mit Hilfe des BOLTZMANNschen Prinzips bestimmen.

Wir fragen: Wie groß ist die Wahrscheinlichkeit des letzterwähnten Zustandes relativ zum ursprünglichen? Oder: Wie groß ist die Wahrscheinlichkeit dafür, daß sich in einem zufällig herausgegriffenen Zeitmoment alle n in einem gegebenen Volumen v_0 unabhängig voneinander beweglichen Punkte (zufällig) in dem Volumen v befinden?

Für diese Wahrscheinlichkeit, welche eine „statistische Wahrscheinlichkeit“ ist, erhält man offenbar den Wert:

$$W = \left(\frac{v}{v_0}\right)^n;$$

man erhält hieraus durch Anwendung des BOLTZMANNschen Prinzipes:

$$S - S_0 = R\left(\frac{n}{N}\right)\lg\left(\frac{v}{v_0}\right).$$

Es ist bemerkenswert, daß man zur Herleitung dieser Gleichung, aus welcher man das BOYLE-GAY-LUSSACsche Gesetz und das gleichlautende Gesetz des osmotischen Druckes leicht thermodynamisch ableiten kann,[1]) keine Voraussetzung über das Gesetz zu machen braucht, nachdem sich die Moleküle bewegen.

§ 6. Interpretation des Ausdruckes für die Abhängigkeit der Entropie der monochromatischen Strahlung vom Volumen nach dem BOLTZMANN*schen Prinzip*

Wir haben in § 4 für die Abhängigkeit der Entropie der monochromatischen Strahlung vom Volumen den Ausdruck gefunden:

$$S - S_0 = \frac{E}{\beta \nu}\lg\left(\frac{v}{v_0}\right).$$

---

[1]) Ist E die Energie des Systems, so erhält man:

$$-\mathrm{d}(E - TS) = p\,\mathrm{d}v = T\,\mathrm{d}S = R\,\frac{n}{N}\,\frac{\mathrm{d}v}{v};$$

also

$$pv = R\,\frac{n}{N}\,T.$$

Schreibt man diese Formel in der Gestalt:

$$S - S_0 = \frac{R}{N} \lg \left[\left(\frac{v}{v_0} \right)^{\frac{N}{R} \frac{E}{\beta \nu}} \right]$$

und vergleicht man sie mit der allgemeinen, das BOLTZMANNsche Prinzip ausdrückenden Formel

$$S - S_0 = \frac{R}{N} \lg W,$$

so gelangt man zu folgendem Schluß:

Ist monochromatische Strahlung von der Frequenz ν und der Energie E in das Volumen v_0 (durch spiegelnde Wände) eingeschlossen, so ist die Wahrscheinlichkeit dafür, daß sich in einem beliebig herausgegriffenen Zeitmoment die ganze Strahlungsenergie in dem Teilvolumen v des Volumens v_0 befindet:

$$W = \left(\frac{v}{v_0} \right)^{\frac{N}{R} \frac{E}{\beta \nu}}.$$

Hieraus schließen wir weiter:

Monochromatische Strahlung von geringer Dichte (innerhalb des Gültigkeitsbereiches der WIENschen Strahlungsformel) verhält sich in wärmetheoretischer Beziehung so, wie wenn sie aus voneinander unabhängigen Energiequanten von der Größe $R\beta\nu/N$ bestünde.

Wir wollen noch die mittlere Größe der Energiequanten der „schwarzen Strahlung“ mit der mittleren lebendigen Kraft der Schwerpunktsbewegung eines Moleküls bei der nämlichen Temperatur vergleichen. Letztere ist $^3/_2(R/N)T$, während man für die mittlere Größe des Energiequantums unter Zugrundelegung der WIENschen Formel erhält:

$$\frac{\int\limits_0^\infty \alpha \nu^3 e^{-\beta\nu/T} d\nu}{\int\limits_0^\infty \frac{N}{R\beta\nu} \alpha \nu^3 e^{-\beta\nu/T} d\nu} = 3 \frac{R}{N} T.$$

Wenn sich nun monochromatische Strahlung (von hinreichend kleiner Dichte) bezüglich der Abhängigkeit der Entropie vom Volumen wie ein diskontinuierliches Medium verhält, welches aus Energiequanten von der Größe $R\beta\nu/N$ besteht, so liegt es nahe, zu untersuchen, ob auch die Gesetze der Erzeugung und Verwandlung des Lichtes so beschaffen sind, wie wenn das Licht aus derartigen Energiequanten bestünde. Mit dieser Frage wollen wir uns im folgenden beschäftigen.

§ 7. *Über die* STOKES*sche Regel*

Es werde monochromatisches Licht durch Photolumineszenz in Licht anderer Frequenz verwandelt und gemäß dem eben erlangten Resultat angenommen, daß sowohl das erzeugende wie das erzeugte Licht aus Energiequanten von der Größe $(R/N)\beta\nu$ besteht, wobei ν die betreffende Frequenz bedeutet. Der Verwandlungsprozeß wird dann folgendermaßen zu deuten sein. Jedes erzeugende Energiequant von der Frequenz ν_1 wird absorbiert und gibt — wenigstens bei genügend kleiner Verteilungsdichte der erzeugenden Energiequanten — für sich allein Anlaß zur Entstehung eines Lichtquants von der Frequenz ν_2; eventuell können bei der Absorption des erzeugenden Lichtquants auch gleichzeitig Lichtquanten von den Frequenzen ν_3, ν_4 etc. sowie Energie anderer Art (z. B. Wärme) entstehen. Unter Vermittelung von was für Zwischenprozessen dies Endresultat zustande kommt, ist gleichgültig. Wenn die photolumineszierende Substanz nicht als eine beständige Quelle von Energie anzusehen ist, so kann nach dem Energieprinzip die Energie eines erzeugten Energiequants nicht größer sein als die eines erzeugenden Lichtquants; es muß also die Beziehung gelten:

$$\frac{R}{N}\beta\nu_2 \leqq \frac{R}{N}\beta\nu_1$$

oder

$$\nu_2 \leqq \nu_1.$$

Dies ist die bekannte STOKESsche Regel.

Besonders hervorzuheben ist, daß bei schwacher Belichtung die erzeugte Lichtmenge der erregenden unter sonst gleichen Umständen nach unserer Auffassung der erregenden Lichtstärke proportional sein muß, da jedes erregende Energiequant einen Elementarprozeß von der oben angedeuteten Art verursachen wird, unahängig von der Wirkung der anderen erregenden Energiequanten. Insbesondere wird es keine untere Grenze für die Intensität des erregenden Lichtes geben, unterhalb welcher das Licht unfähig wäre, lichterregend zu wirken.

Abweichungen von der STOKESschen Regel sind nach der dargelegten Auffassung der Phänomene in folgenden Fällen denkbar:

1. wenn die Anzahl der gleichzeitig in Umwandlung begriffenen Energiequanten pro Volumeneinheit so groß ist, daß ein Energiequant des erzeugten Lichtes seine Energie von mehreren erzeugenden Energiequanten erhalten kann;

2. wenn das erzeugende (oder erzeugte) Licht nicht von derjenigen energetischen Beschaffenheit ist, die einer „schwarzen Strahlung" aus dem Gültigkeitsbereich des WIENschen Gesetzes zukommt, wenn also z. B. das erregende Licht von einem Körper so hoher Temperatur erzeugt ist, daß für die in Betracht kommende Wellenlänge das WIENsche Gesetz nicht mehr gilt.

Die letztgenannte Möglichkeit verdient besonderes Interesse. Nach der entwickelten Auffassung ist es nämlich nicht ausgeschlossen, daß eine „nicht-WIENsche Strahlung" auch in großer Verdünnung sich in energetischer Beziehung anders verhält als eine „schwarze Strahlung" aus dem Gültigkeitsbereich des WIENschen Gesetzes.

§ 8. Über die Erzeugung von Kathodenstrahlen durch Belichtung fester Körper

Die übliche Auffassung, daß die Energie des Lichtes kontinuierlich über den durchstrahlten Raum verteilt sei, findet bei dem Versuch, die lichtelektrischen Erscheinungen zu erklären, besonders große Schwierigkeiten, welche in einer bahnbrechenden Arbeit von Hrn. LENARD dargelegt sind [3].

Nach der Auffassung, daß das erregende Licht aus Energiequanten von der Energie $(R/N)\beta\nu$ bestehe, läßt sich die Erzeugung von Kathodenstrahlen durch Licht folgendermaßen auffassen. In die oberflächliche Schicht des Körpers dringen Energiequanten ein, und deren Energie verwandelt sich wenigstens zum Teil in kinetische Energie von Elektronen. Die einfachste Vorstellung ist die, daß ein Lichtquant seine ganze Energie an ein einziges Elektron abgibt; wir wollen annehmen, daß dies vorkomme. Es soll jedoch nicht ausgeschlossen sein, daß Elektronen die Energie von Lichtquanten nur teilweise aufnehmen. Ein im Innern des Körpers mit kinetischer Energie versehenes Elektron wird, wenn es die Oberfläche erreicht hat, einen Teil seiner kinetischen Energie eingebüßt haben. Außerdem wird anzunehmen sein, daß jedes Elektron beim Verlassen des Körpers eine (für den Körper charakteristische) Arbeit P zu leisten hat, wenn es den Körper verläßt. Mit der größten Normalgeschwindigkeit werden die unmittelbar an der Oberfläche normal zu dieser erregten Elektronen den Körper verlassen. Die kinetische Energie solcher Elektronen ist

$$\frac{R}{N}\beta\nu - P.$$

Ist der Körper zum positiven Potential Π geladen und von Leitern vom Potential Null umgeben und ist Π eben imstande, einen Elektrizitätsverlust des Körpers zu verhindern, so muß sein:

$$\Pi \varepsilon = \frac{R}{N} \beta \nu - P,$$

wobei ε die elektrische Masse des Elektrons bedeutet, oder

$$\Pi E = R \beta \nu - P',$$

wobei E die Ladung eines Grammäquivalentes eines einwertigen Ions und P' das Potential dieser Menge negativer Elektrizität in bezug auf den Körper bedeutet.[1])

Setzt man $E = 9{,}6 \cdot 10^3$, so ist $\Pi \cdot 10^{-8}$ das Potential in Volts, welches der Körper bei Bestrahlung im Vakuum annimmt.

Um zunächst zu sehen, ob die abgeleitete Beziehung der Größenordnung nach mit der Erfahrung übereinstimmt, setzen wir $P' = 0$, $\nu = 1{,}03 \cdot 10^{15}$ (entsprechend der Grenze des Sonnenspektrums nach dem Ultraviolett hin) und $\beta = 4{,}866 \cdot 10^{-11}$. Wir erhalten $\Pi \cdot 10^7 = 4{,}3$ V, welches Resultat der Größenordnung nach mit den Resultaten von Hrn. Lenard übereinstimmt [3].

Ist die abgeleitete Formel richtig, so muß Π, als Funktion der Frequenz des erregenden Lichtes in kartesischen Koordinaten dargestellt, eine Gerade sein, deren Neigung von der Natur der untersuchten Substanz unabhängig ist.

Mit den von Hrn. Lenard beobachteten Eigenschaften der lichtelektrischen Wirkung steht unsere Auffassung, soweit ich sehe, nicht im Widerspruch. Wenn jedes Energiequant des erregenden Lichtes unabhängig von allen übrigen seine Energie an Elektronen abgibt, so wird die Geschwindigkeitsverteilung der Elektronen, d. h. die Qualität der erzeugten Kathodenstrahlung, von der Intensität des erregenden Lichtes unabhängig sein; andererseits

---

[1]) Nimmt man an, daß das einzelne Elektron durch das Licht aus einem neutralen Molekül unter Aufwand einer gewissen Arbeit losgelöst werden muß, so hat man an der abgeleiteten Beziehung nichts zu ändern; nur ist dann P' als Summe von zwei Summanden aufzufassen.

wird die Anzahl der den Körper verlassenden Elektronen der Intensität des erregenden Lichtes unter sonst gleichen Umständen proportional sein [3].

Über die mutmaßlichen Gültigkeitsgrenzen der erwähnten Gesetzmäßigkeiten wären ähnliche Bemerkungen zu machen wie bezüglich der mutmaßlichen Abweichungen von der STOKESschen Regel.

Im vorstehenden ist angenommen, daß die Energie wenigstens eines Teiles der Energiequanten des erzeugenden Lichtes je an ein einziges Elektron vollständig abgegeben werde. Macht man diese naheliegende Voraussetzung nicht, so erhält man statt obiger Gleichung die folgende:

$$\Pi E + P' \leqq R\beta\nu.$$

Für die Kathodenlumineszenz, welche den inversen Vorgang zu dem eben betrachteten bildet, erhält man durch eine der durchgeführten analoge Betrachtung:

$$\Pi E + P' \geqq R\beta\nu.$$

Bei den von Hrn. LENARD untersuchten Substanzen ist PE stets bedeutend größer als $R\beta\nu$, da die Spannung, welche die Kathodenstrahlen durchlaufen haben müssen, um eben sichtbares Licht erzeugen zu können, in einigen Fällen einige Hundert, in anderen Tausende von Volts beträgt [4]. Es ist also anzunehmen, daß die kinetische Energie eines Elektrons zur Erzeugung vieler Lichtenergiequanten verwendet wird.

§ 9. Über die Ionisierung der Gase durch ultraviolettes Licht

Wir werden anzunehmen haben, daß bei der Ionisierung eines Gases durch ultraviolettes Licht je ein absorbiertes Lichtenergiequant zur Ionisierung je eines Gasmoleküles verwendet wird. Hieraus folgt zunächst, daß die Ionisierungsarbeit (d. h. die zur Ionisierung theoretisch nötige Arbeit) eines Moleküles nicht größer sein kann als die Energie eines absorbierten wirksamen Lichtenergiequantes. Bezeichnet man mit J die (theoretische) Ionisierungsarbeit pro Grammäquivalent, so muß also sein:

$$R\beta\nu \geqq J.$$

Nach Messungen LENARDS ist aber die größte wirksame Wellenlänge für Luft ca. $1{,}9 \cdot 10^{-5}$ cm, also

$$R\beta\nu = 6{,}4 \cdot 10^{12}\,\mathrm{Erg} \leqq J.$$

Eine obere Grenze für die Ionisierungsarbeit gewinnt man auch aus den Ionisierungsspannungen in verdünnten Gasen. Nach J. STARK [5] ist die kleinste gemessene Ionisierungsspannung (an Platinanoden) für Luft ca. 10 V.[1]) Es ergibt sich also für J die obere Grenze $9{,}6 \cdot 10^{12}$, welche nahezu gleich der eben gefundenen ist. Es ergibt sich noch eine andere Konsequenz, deren Prüfung durch das Experiment mir von großer Wichtigkeit zu sein scheint. Wenn jedes absorbierte Lichtenergiequant ein Molekül ionisiert, so muß zwischen der absorbierten Lichtmenge L und der Anzahl j der durch dieselbe ionisierten Grammoleküle die Beziehung bestehen:

$$j = \frac{L}{R\beta\nu}.$$

Diese Beziehung muß, wenn unsere Auffassung der Wirklichkeit entspricht, für jedes Gas gelten, welches (bei der betreffenden Frequenz) keine merkliche nicht von Ionisation begleitete Absorption aufweist.

Bern, den 17. März 1905

[1]) Im Gasinnern ist die Ionisierungsspannung für negative Ionen allerdings fünfmal größer.

Literatur

[1] M. Planck, Ann. Phys. **1** (1900) 99.
[2] M. Planck, Ann. Phys. **4** (1901) 561 (diese Arbeit enthält im wesentlichen die Ergebnisse der als Arbeiten 1 und 2 in diesem Band nachgedruckten Arbeiten).
[3] P. Lenard, Ann. Phys. **8** (1902) 149.
[4] P. Lenard, Ann. Phys. **12** (1903) 469.
[5] J. Stark, Die Elektrizität in Gasen. Leipzig 1902, S. 57.

4. Streuung von α- und β-Teilchen an Materie und Atombau*)

Von

E. Rutherford

§ 1.

Es ist bekannt, daß α- und β-Teilchen durch Zusammenstöße mit den Atomen der Materie von ihren geradlinigen Bahnen abgelenkt werden. Diese Streuung ist bei β-Teilchen wegen ihrer viel kleineren Impulse und Energien weit mehr ausgeprägt als bei α-Teilchen. Es scheint keinem Zweifel mehr zu unterliegen, daß solche schnell bewegten Teilchen das Atom auf ihrem Weg durchqueren und daß die beobachteten Ablenkungen von dem starken elektrischen Feld hervorgerufen werden, das im Inneren des Atomsystems durchlaufen wird. Es wurde allgemein vermutet, daß die Streuung eines Bündels von α- oder β-Strahlen beim Passieren einer dünnen Materieschicht das Resultat einer Vielzahl von kleinen Streuungen an den Atomen der durchquerten Materie ist. Die Beobachtungen von Geiger und Marsden [1] über die Streuung von α-Strahlen zeigten jedoch, daß einige α-Teilchen bei einem einzigen Stoß eine Ablenkung um mehr als einen rechten Winkel erfahren haben mußten. Sie fanden z. B., daß ein kleiner Teil der einfallenden α-Teilchen, ungefähr 1 von 20000, beim Durchqueren einer etwa 0,00004 cm dicken Goldfolie, die einem Bremsvermögen von 1,6 mm Luft für α-Teilchen äquivalent ist, um einen durchschnittlichen Winkel von 90° abgelenkt wurde. Geiger [2] zeigte später, daß der wahrscheinlichste Ablenkwinkel für ein α-Teilchenbündel, das eine Goldfolie dieser Dicke durchquert, ungefähr 0,87° ist. Eine einfache Rechnung mit Hilfe der Wahrscheinlichkeitsrechnung zeigt, daß die

*) Übers. nach Philos. Mag. 21 (1911) 669. Im Februar 1911 wurde ein Kurzbericht über diese Arbeit an die Manchester Literary and Philosophical Society gegeben.

Wahrscheinlichkeit für ein α-Teilchen, um 90° abgelenkt zu werden, verschwindend klein ist. Hinzu kommt, wie man später sehen wird, daß die Verteilung der α-Teilchen über die verschiedenen Winkel bei großen Ablenkungen erwartungsgemäß dann nicht mehr dem Wahrscheinlichkeitsgesetz folgt, wenn diese großen Ablenkungen sich aus einer großen Zahl kleiner Abweichungen zusammensetzen. Es erscheint vernünftig anzunehmen, daß die Ablenkung um einen großen Winkel durch einen einzigen Stoß mit einem Atom erfolgt; denn die Wahrscheinlichkeit, daß ein zweiter Zusammenstoß dieser Art eine große Ablenkung verursacht, ist in den meisten Fällen außerordentlich klein. Eine einfache Rechnung zeigt, daß das Atom Sitz eines intensiven elektrischen Feldes sein müßte, um solch eine große Ablenkung bei einem einzigen Stoß zu verursachen.

Vor kurzem hat Sir J. J. THOMSON [3] eine Theorie zur Erklärung der Streuung elektrisch geladener Teilchen beim Durchqueren von Materie geringer Dicke vorgelegt. Es wurde angenommen, daß das Atom aus einer Anzahl N negativ geladener Korpuskeln besteht, die von einer gleich großen Menge positiver gleichmäßig kugelförmig verteilter Elektrizität begleitet werden. Die Ablenkung eines elektrisch negativ geladenen Teilchens beim Durchqueren eines Atoms ist dann auf zwei Gründe zurückzuführen: 1. die Abstoßung der über das Atom verteilten Korpuskeln und 2. die Anziehung der positiven Elektrizität im Atom. Die Ablenkung des Teilchens beim Durchqueren des Atoms wird als klein angenommen, während die mittlere Ablenkung nach einer großen Zahl m von Zusammenstößen als $\sqrt{m}\,\Theta$ angenommen wird, wobei Θ die mittlere, durch ein Atom verursachte Ablenkung darstellt. Es wurde gezeigt, daß die Anzahl N der Elektronen in einem Atom aus den Beobachtungen über die Streuung elektrisch geladener Teilchen abgeleitet werden kann. Die Richtigkeit dieser Theorie der Mehrfachstreuung wurde von CROWTHER [4] in einer späteren Arbeit experimentell geprüft. Seine Ergebnisse bestätigten scheinbar die wesentlichen Schlußfolgerungen aus der Theorie, und er folgerte aus der Annahme, daß die positive Elektrizität kontinuierlich verteilt ist, daß die Anzahl der Elektronen in einem Atom etwa dreimal so groß wie dessen Atomgewicht ist.

Die Theorie von Sir J. J. THOMSON basiert auf der Annahme, daß die durch einen einzelnen atomaren Stoß verursachte Streuung gering ist, und die angenommene Struktur eines Atoms läßt keine sehr große Ablenkung eines α-Teilchens beim Passieren eines einzelnen Atoms zu, es sei denn, man würde annehmen, daß der Durchmesser der Kugel positiver Elektrizität gegenüber dem Durchmesser der Einflußsphäre des Atoms winzig klein ist.

Da ja die α- und β-Teilchen das Atom durchdringen, sollte es möglich sein, aus einer geschlossenen Untersuchung der Natur der Ablenkung eine gewisse Vorstellung über den Aufbau des Atoms abzuleiten, um die beobachteten Effekte zu erklären. Tatsächlich ist die Streuung sehr schneller geladener Teilchen an Atomen der Materie eine vielversprechende Methode, um diese Probleme in Angriff zu nehmen. Die Entwicklung der Szintillationsmethode zur Zählung einzelner α-Teilchen brachte ungewöhnliche Vorteile für die Untersuchung, und die Forschungen von H. GEIGER mit dieser Methode haben bereits viel zu unserer Kenntnis über die Streuung von α-Strahlung durch Materie beigetragen.

§ 2.

Wir wollen zuerst die einzelnen Stöße[1]) mit einem Atom von einfacher Struktur, das in der Lage ist, große Ablenkungen eines α-Teilchens hervorzurufen, theoretisch

---

[1]) Die Ablenkung eines Teilchens um einen beträchtlichen Winkel bei einem Zusammenstoß mit einem einzelnen Atom soll in dieser Arbeit „Einfachstreuung" genannt werden. Die aus einer Vielzahl kleiner Abweichungen resultierende Ablenkung eines Teilchens soll als „Mehrfachstreuung" bezeichnet werden.

untersuchen und dann die Schlußfolgerungen aus der Theorie mit den verfügbaren experimentellen Daten vergleichen.

Betrachten wir ein Atom mit der Ladung $\pm Ne$ in seinem Zentrum, das von Elektrizität mit der Ladung $\mp Ne$ umgeben ist, die ihrerseits als homogen über eine Kugel vom Radius R verteilt angenommen wird. Die Größe e ist die fundamentale Ladungseinheit, die in dieser Arbeit als $4{,}65 \cdot 10^{-10}$ elektrostatische Einheiten angenommen wird. Wir wollen weiterhin voraussetzen, daß für Abstände unter 10^{-12} cm die zentrale Ladung und auch die Ladung des α-Teilchens als in einem Punkt konzentriert angesehen werden kann. Es läßt sich zeigen, daß die hauptsächlichen Folgerungen aus der Theorie unabhängig davon sind, ob die zentrale Ladung als positiv oder negativ angenommen wird. Der Einfachheit halber soll vorausgesetzt werden, daß ihr Vorzeichen positiv ist. Die Frage der Stabilität des Atoms soll in diesem Stadium noch nicht betrachtet werden, da diese sicher von der genauen Struktur des Atoms und der Bewegung der geladenen Bestandteile abhängt.

Um uns eine Vorstellung von den Kräften zu machen, die erforderlich sind, ein α-Teilchen um einen großen Winkel abzulenken, betrachten wir ein Atom, das eine positive zentrale Ladung Ne enthält und von einer homogen in einer Kugel vom Radius R verteilten negativen Elektrizität Ne umgeben ist. Die elektrische Kraft X und das Potential V im Abstand r vom Zentrum des Atoms sind für einen Punkt im Inneren des Atoms

$$X = Ne\left(\frac{1}{r^2} - \frac{r}{R^3}\right),$$

$$V = Ne\left(\frac{1}{r} - \frac{3}{2R} + \frac{r^2}{2R^3}\right).$$

Nehmen wir an, daß ein α-Teilchen der Masse m, der Geschwindigkeit u und der Ladung E direkt auf das Zentrum des Atoms geschossen wird. Es wird in einem Abstand b vom Zentrum entsprechend

$$\tfrac{1}{2}\, m u^2 = N e E \left(\frac{1}{b} - \frac{3}{2R} + \frac{b^2}{2R^3}\right)$$

zur Ruhe kommen. Wir werden sehen, daß b in weiteren Rechnungen eine wichtige Größe sein wird. Mit der Annahme einer Zentralladung von 100 e kann man berechnen, daß b für ein α-Teilchen der Geschwindigkeit $20{,}9 \cdot 10^9$ cm/s ungefähr $3{,}4 \cdot 10^{-12}$ cm ist. In dieser Rechnung wird b als sehr klein gegenüber R angenommen. Da R von der Größenordnung des Atomradius, nämlich 10^{-8} cm angenommen wird, steht fest, daß das α-Teilchen vor der Umkehr so nahe an die zentrale Ladung vordringt, daß das Feld der homogen verteilten negativen Elektrizität vernachlässigt werden kann. Ganz allgemein zeigt eine einfache Rechnung, daß man für alle Ablenkungen um mehr als 1° ohne nennenswerten Fehler annehmen kann, daß die Ablenkung durch das Feld der zentralen Ladung allein hervorgerufen wird. Mögliche einzelne Abweichungen, hervorgerufen durch die negative, in Form von Korpuskeln verteilte Elektrizität, werden in diesem Stadium der Theorie nicht in die Rechnung einbezogen. Es wird später gezeigt werden, daß deren Einfluß gegenüber dem des Zentralfeldes im allgemeinen klein ist.

Betrachten wir die Bahn eines elektrisch positiv geladenen Teilchens nahe am Zentrum eines Atoms. Unter der Annahme, daß die Geschwindigkeit des Teilchens beim Durchgang durch das Atom nicht wesentlich verändert wird, ist der Weg des Teilchens unter dem Einfluß einer abstoßenden Kraft, die sich umgekehrt proportional zum Quadrat des Abstandes ändert, eine Hyperbel mit dem Zentrum des Atoms S als äußerem Brennpunkt. Nehmen wir an, das Teilchen trete in der Richtung PO (Abb. 4.1) in das Atom ein, und die Bewegungsrichtung beim Verlassen des Atoms sei OP'. OP und

OP' bilden mit der Linie SA gleiche Winkel, wobei A der Scheitel der Hyperbel ist. Die Richtung der Anfangsbewegung des Teilchens zielt im Abstand $p = SN$ am Zentrum vorbei.

Der Winkel POA sei Θ.

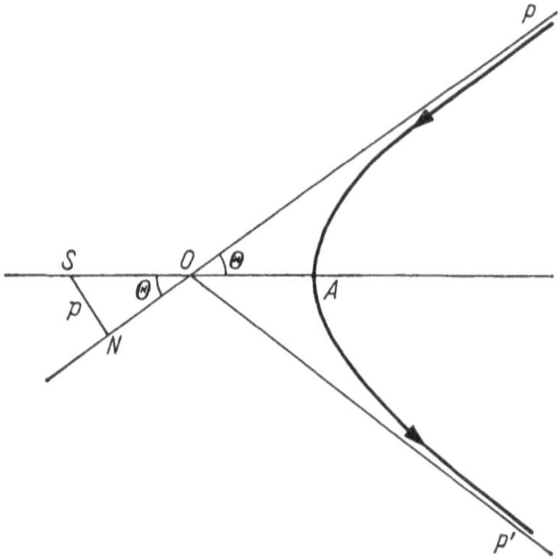

Abb. 4.1

Ist die Geschwindigkeit des Teilchens beim Eintritt in das Atom V und seine Geschwindigkeit im Punkte A v, dann folgt aus Überlegungen über den Drehimpuls

$$p V = \overline{SA} v.$$

Wegen der Energieerhaltung gilt weiter

$$\tfrac{1}{2} m V^2 = \tfrac{1}{2} m v^2 + \frac{N e E}{\overline{SA}},$$

$$v^2 = V^2 \left(1 - \frac{b}{\overline{SA}}\right).$$

Da die Exzentrizität gleich sec Θ ist, sind

$$\overline{SA} = \overline{SO} + \overline{OA} = p \operatorname{cosec} \Theta (1 + \cos \Theta)$$
$$= p \cot {}^1/_2\, \Theta,$$

$$p^2 = \overline{SA}(\overline{SA} - b) = p \cot {}^1/_2\, \Theta (p \cot {}^1/_2\, \Theta - b)$$

oder

$$b = 2p \cot \Theta.$$

Der Ablenkwinkel Φ des Teilchens ist $\pi - 2\Theta$, und es ist[1])

$$\cot {}^1/_2\, \Phi = \frac{2p}{b}. \tag{1}$$

Damit erhält man den Ablenkwinkel des Teilchens in Abhängigkeit von b und dem senkrechten Abstand der Einschußrichtung vom Atomzentrum.

Zur Illustration ist in der folgenden Tabelle der Ablenkwinkel Φ für verschiedene Werte p/b angegeben:

p/b	10	5	2	1	0,5	0,25	0,125
Φ	5,7°	11,4°	28°	53°	90°	127°	152°

§ 3. *Wahrscheinlichkeit einer Einfachablenkung um einen bestimmten Winkel*

Ein Bündel elektrisch geladener Teilchen treffe senkrecht auf eine dünne Materieschicht der Dicke t. Mit Ausnahme einiger weniger Teilchen, die um einen großen Winkel gestreut werden, kann man annehmen, daß die Teilchen die Schicht nahezu senkrecht mit einer geringen Geschwindigkeitsänderung durchqueren. Die Zahl der Atome des Materials pro Volumeneinheit sei n. Dann ist

[1]) Eine einfache Überlegung zeigt, daß die Ablenkung die gleiche bleibt, wenn die Kräfte anziehend statt abstoßend wirken.

die Zahl der Stöße des Teilchens mit dem Atom vom Radius R auf der Dicke t gleich $\pi R^2 nt$.

Die Wahrscheinlichkeit m, im Abstand p vom Zentrum in ein Atom einzudringen, ist

$$m = \pi p^2 n t.$$

Die Chance $\mathrm{d}m$ für einen Stoß zwischen den Radien p und $p + \mathrm{d}p$ ist

$$\mathrm{d}m = 2\pi p n t \,\mathrm{d}p = {}^1/_4 \pi n t b^2 \cot {}^1/_2\Phi \operatorname{cosec}^2 {}^1/_2\Phi \,\mathrm{d}\Phi \quad (2)$$

wegen

$$\cot {}^1/_2\Phi = 2p/b.$$

Der Wert $\mathrm{d}m$ gibt den *Bruchteil* aller Teilchen an, der um Winkel zwischen Φ und $\Phi + \mathrm{d}\Phi$ abgelenkt wird.

Der Anteil ϱ der um Winkel größer als Φ abgelenkten Teilchen ist

$$\varrho = {}^1/_4 \pi n t b^2 \cot^2 {}^1/_2\Phi. \quad (3)$$

Der Anteil ϱ der um Winkel zwischen Φ_1 und Φ_2 abgelenkten Teilchen wird gegeben durch

$$\varrho = {}^1/_4 \pi n t b^2 (\cot^2 {}^1/_2\Phi_1 - \cot^2 {}^1/_2\Phi_2). \quad (4)$$

Zum Vergleich mit dem Experiment formt man Gleichung (2) besser um. Im Falle von α-Strahlen wurde die Zahl der auf einer *konstanten* Fläche eines Zinksulfidschirms beobachteten Szintillationen für verschiedene Winkel zur Einfallsrichtung der Teilchen gezählt. r sei der Abstand von dem Punkt, an dem der α-Strahl auf das streuende Material auftrifft, Q sei die Gesamtzahl der auf das streuende Material auftreffenden Teilchen. Die Zahl y der pro Flächeneinheit auftreffenden α-Teilchen, die um einen Winkel Φ abgelenkt werden, ist dann

$$y = \frac{Q\,\mathrm{d}m}{2\pi r^2 \sin\Phi \,\mathrm{d}\Phi} = \frac{n t b^2 Q \operatorname{cosec}^4 {}^1/_2\Phi}{16 r^2}. \quad (5)$$

Wegen $b = 2NeE/mu^2$ ersehen wir aus dieser Gleichung, daß die Zahl der α-Teilchen (Szintillationen) pro Flächeneinheit des Zinksulfidschirmes in einem gegebenen Abstand r vom Einfallspunkt der Strahlen proportional ist zu

1. $\operatorname{cosec}^4 {}^1/_2\Phi$ oder $1/\Phi^4$ für kleine Φ;
2. der Dicke t des streuenden Materials, vorausgesetzt, diese ist klein;
3. dem Quadrat der Größe der zentralen Ladung Ne;[1])
4. sie ist umgekehrt proportional zu $(mu^2)^2$ bzw. der vierten Potenz der Geschwindigkeit, falls m konstant ist.

Bei diesen Rechnungen ist vorausgesetzt worden, daß die um einen großen Winkel gestreuten α-Teilchen nur eine einzige große Ablenkung erfahren haben. Damit das gilt, ist wesentlich, daß die Dicke des streuenden Materials so klein ist, daß die Wahrscheinlichkeit für einen zweiten Zusammenstoß mit einer weiteren großen Ablenkung sehr gering ist. Wenn z. B. die Wahrscheinlichkeit einer Einfachablenkung um Φ beim Durchfliegen einer Dicke t 1/1000 ist, so ist die Wahrscheinlichkeit für zwei aufeinanderfolgende Ablenkungen um jeweils den Wert Φ gleich $1/10^6$ und damit vernachlässigbar klein.

Die Winkelverteilung der an einer dünnen Metallschicht gestreuten α-Teilchen kann als einfachste Methode zur Prüfung der allgemeinen Gültigkeit dieser Theorie der Einfachstreuung verwendet werden. Das ist bereits früher für α-Strahlen von Dr. GEIGER [5] getan worden; GEIGER fand, daß die Verteilung für Teilchen, die um Winkel zwischen 30° und 150° in einer dünnen Goldfolie abgelenkt wurden, in guter Übereinstimmung mit der Theorie steht. Ein ausführlicher Bericht über diese und andere Experimente zur Prüfung der Gültigkeit der Theorie wird später veröffentlicht werden.

---

[1]) Im Original steht „Größe" anstelle „Quadrat der Größe", was offensichtlich ein Versehen ist (D. T. H.).

§ 4. Änderung der Geschwindigkeit bei einem Stoß mit einem Atom

Bisher wurde angenommen, daß ein α-Teilchen bei einem einfachen Stoß mit einem Atom, der sich in einer großen Ablenkung des Teilchens äußert, keine wesentliche Änderung seiner Geschwindigkeit erfährt. Unter gewissen Voraussetzungen kann die Änderung der Geschwindigkeit des Teilchens bei einem solchen Stoß berechnet werden. Es wird angenommen, daß nur zwei Systeme beteiligt sind, nämlich das schnell bewegte Teilchen und das durchquerte Atom, das vor dem Stoß als ruhend vorausgesetzt wird. Es wird ferner vorausgesetzt, daß Impuls- und Energiesatz gelten und daß kein bedeutender Energie- oder Impulsverlust durch Strahlung eintritt.

Es seien

m die Masse des Teilchens,
v_1 die Anfluggeschwindigkeit,
v_2 die Geschwindigkeit nach dem Stoß,
M die Masse des Atoms und
V die dem Atom durch den Stoß erteilte Geschwindigkeit.

Die Strecke $\overline{OA}$ (Abb. 4.2) soll in Größe und Richtung den Impuls mv_1 des einfallenden Teilchens darstellen und $\overline{OB}$ den Impuls des wegfliegenden Teilchens, das um den Winkel $AOB = \Phi$ abgelenkt wurde. $\overline{BA}$ stellt dann in Größe und Richtung den Impuls MV des Rückstoßatoms dar:

$$(MV)^2 = (mv_1)^2 + (mv_2)^2 - 2m^2 v_1 v_2 \cos \Phi. \qquad (1)$$

Aus dem Energiesatz folgt

$$MV^2 = mv_1^2 - mv_2^2. \qquad (2)$$

Wir setzen $M/m = K$ und $v_2 = \varrho v_1$, wobei $\varrho < 1$ ist.

Aus (1) und (2) ergibt sich

$$(K+1)\varrho^2 - 2\varrho\cos\Phi = K - 1$$

bzw.

$$\varrho = \frac{\cos\Phi}{K+1} + \frac{1}{K+1}\sqrt{(K^2 - \sin^2\Phi)}.$$

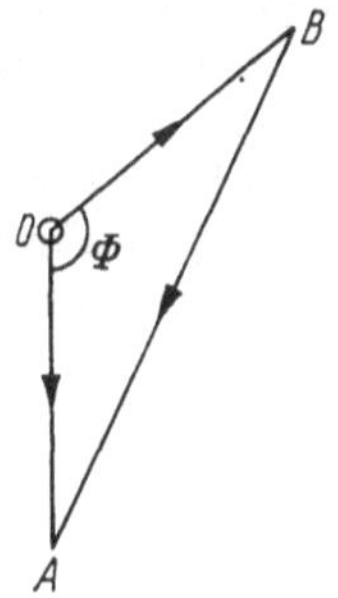

Abb. 4.2

Betrachten wir den Fall eines α-Teilchens vom Atomgewicht 4, das durch einen Zusammenstoß mit einem Goldatom vom Atomgewicht 197 um einen Winkel von 90° abgelenkt wurde.

Da K angenähert 49 ist, gilt

$$\varrho = \sqrt{\frac{K-1}{K+1}} = 0{,}979,$$

d. h., die Geschwindigkeit des Teilchens ist bei dem Zusammenstoß nur um etwa 2% verringert worden.

Im Falle von Aluminium ist $K = 27/4$ und für $\Phi = 90°$ wird $\varrho = 0{,}86$.

Man sieht, daß der Geschwindigkeitsverlust des α-Teilchens nach dieser Theorie für Stöße mit leichten Atomen merklich sein wird. Da die Reichweite eines α-Teilchens in Luft oder einem anderen Medium angenähert proportional der dritten Potenz der Geschwindigkeit ist, folgt, daß ein α-Teilchen mit der Reichweite 7 cm seine Reichweite nach einer Einfachablenkung um 90° beim Durchgang durch ein Aluminiumatom auf 4,5 cm verringert. Das ist eine Differenz, die leicht experimentell entdeckt werden kann. Da K für den Zusammenstoß eines α-Teilchens mit einem Atom sehr groß ist, ist nach dieser Formel der Geschwindigkeitsverlust sehr klein.

Einige interessante Fälle der Theorie ergeben sich bei Betrachtung der Geschwindigkeitsänderung und der Verteilung der gestreuten Teilchen beim Stoß eines α-Teilchens mit einem leichten Atom, z. B. einem Wasserstoff- oder Heliumatom. Eine Besprechung dieser und ähnlicher Fälle soll bis zur experimentellen Klärung dieser Frage verschoben werden.

§ 5. Vergleich von Einfach- und Mehrfachstreuung

Vor einem Vergleich der Ergebnisse der Theorie mit dem Experiment ist es wünschenswert, die relative Bedeutung der Einfach- und Mehrfachstreuung bei der Bestimmung der Verteilung der gestreuten Teilchen zu betrachten. Da angenommen wurde, daß das Atom aus einer zentralen Ladung besteht, die von einer homogen über eine Kugel vom Radius R verteilten Ladung entgegengesetzten Vorzeichens umgeben ist, ist die Chance für Zusammenstöße mit dem Atom, die zu kleinen Ablenkungen führen, sehr groß verglichen mit der Chance einer großen Einfachablenkung.

Diese Frage der Mehrfachstreuung ist von Sir J. J. Thomson in der bereits früher besprochenen Arbeit (§ 1) geprüft worden. In dieser Arbeit hat er die mittlere Ablenkung Φ_1 gefunden, die durch das Feld der Kugel positiver Elektrizität vom Radius R und der Größe Ne hervorgerufen wurde:

$$\Phi_1 = {}^1/_4\,\pi\,\frac{NeE}{mu^2}\,\frac{1}{R}.$$

Für die mittlere Ablenkung Φ_2, die durch die als homogen verteilt angenommenen N negativen Teilchen hervorgerufen wurde, fand er

$$\Phi_2 = \frac{16}{5} \frac{eE}{mu^2} \frac{1}{R} \sqrt{{}^3/_2 N}.$$

Die mittlere Ablenkung infolge der positiven sowie der negativen Elektrizität ergibt sich zu

$$(\Phi_1^2 + \Phi_2^2)^{1/2}.$$

Es ist nicht schwer, in ähnlicher Weise die mittlere Ablenkung an einem Atom mit einer zentralen Ladung zu berechnen, wie es in dieser Arbeit besprochen wird.

Da das radiale elektrische Feld X in einem Abstand r vom Zentrum durch

$$X = Ne\left(\frac{1}{r^2} - \frac{r}{R^3}\right)$$

gegeben ist, kann man leicht zeigen, daß die (als klein vorausgesetzte) Ablenkung eines geladenen Teilchens durch dieses Feld

$$\Theta = \frac{b}{p}\left(1 - \frac{p^2}{R^2}\right)^{3/2}$$

ist, wobei p das vom Zentrum auf die Bahn des Teilchens gefällte Lot ist und b denselben Wert hat wie oben. Man sieht, daß Θ mit Abnahme von p zunimmt und für kleine Werte von Φ groß wird.

Da wir gesehen haben, daß die Ablenkung für ein Teilchen, das nahe am Zentrum des Atoms vorbeifliegt, sehr groß wird, ist es offenbar nicht ganz korrekt, den mittleren Weg unter der Voraussetzung kleiner Θ zu bestimmen.

Nimmt man R von der Größenordnung 10^{-8} cm an, so ist p für eine große Ablenkung von α- und β-Teilchen von der Größenordnung 10^{-11} cm. Da die Chance für einen

Stoß mit einer großen Ablenkung klein ist gegenüber der Chance kleiner Ablenkungen, zeigt eine einfache Betrachtung, daß die kleine mittlere Ablenkung praktisch unverändert bleibt, wenn man die großen Ablenkungen vernachlässigt. Das entspricht einer Integration über den Teil des Atomquerschnitts, in dem die Ablenkungen klein sind, sowie einer Vernachlässigung der kleinen zentralen Fläche. Man kann auf diese Weise einfach zeigen, daß die kleine mittlere Ablenkung

$$\Phi_1 = {}^3/_8\, \pi \frac{b}{R}$$

ist. Dieser Wert Φ_1 für ein Atom mit einer konzentrierten Zentralladung ist dreimal so groß wie die mittlere Ablenkung für den gleichen Wert von Ne in dem von Sir J. J. Thomson untersuchten Atomtyp. Vereinigt man die durch das elektrische Feld und die durch die Teilchen hervorgerufenen Ablenkungen, so gilt für die mittlere Ablenkung

$$(\Phi_1^2 + \Phi_2^2)^{1/2} \qquad \text{oder} \qquad \frac{b}{2R}\left(5{,}54 + \frac{15{,}4}{N}\right)^{1/2}.$$

Es wird später gezeigt werden, daß N nahezu proportional zum Atomgewicht ist und für Gold ungefähr 100 beträgt. Der durch den zweiten Term der Gleichung ausgedrückte und durch die Streuung der einzelnen Teilchen verursachte Effekt ist folglich für schwere Atome klein gegenüber dem durch das verteilte elektrische Feld hervorgerufenen Effekt.

Vernachlässigt man den zweiten Term, dann ist die mittlere Ablenkung pro Atom $3\pi b/8R$. Wir sind jetzt in der Lage, die relativen Einflüsse der Einfach- und der Mehrfachstreuung auf die Verteilung der Teilchen zu betrachten. Folgt man J. J. Thomsons Argumentation, so ist die mittlere Ablenkung Θ_t nach dem Durchgang durch eine Materieschicht der Dicke t proportional zur Quadratwurzel aus der Stoßzahl und damit

$$\Theta_t = \frac{3\pi b}{8R}\sqrt{\pi R^2 n t} = {}^3/_8\, \pi b \sqrt{\pi n t}\,,$$

wobei n wie vorher die Zahl der Atome pro Volumeneinheit ist.

Die Wahrscheinlichkeit p_1, daß die Ablenkung des Teilchens durch Mehrfachstreuung größer als Φ wird, ist $e^{-\Phi^2/\Theta_t^2}$; daraus folgt

$$\Phi^2 = -\,{}^9/_{64}\, \pi^3 b^2 n t \ln p_1.$$

Als nächstes nehmen wir an, daß nur Einfachstreuung vorliegt. Wir haben gesehen (§ 3), daß die Wahrscheinlichkeit p_2 für eine Ablenkung größer als Φ durch

$$p_2 = {}^1/_4\, \pi b^2 n t \cot^2 {}^1/_2\, \Phi$$

gegeben ist. Durch Vergleich dieser beiden Gleichungen erhält man

$$p_2 \ln p_1 = -0{,}181\, \Phi^2 \cot^2 {}^1/_2\, \Phi$$

und für hinreichend kleines Φ

$$\tan {}^1/_2\, \Phi = {}^1/_2\, \Phi, \quad p_2 \ln p_1 = -0{,}72\,.$$

Wenn wir annehmen

$p_2 = 0{,}5$, dann ist $p_1 = 0{,}24$,

$p_2 = 0{,}1$, dann ist $p_1 = 0{,}0004$.

Nach diesem Vergleich ist augenscheinlich, daß die Wahrscheinlichkeit für irgendeine gegebene Ablenkung für Einfachstreuung immer größer als für Mehrfachstreuung ist. Der Unterschied ist dann besonders auffällig, wenn nur ein kleiner Teil der Teilchen um einen bestimmten Winkel abgelenkt wird. Aus diesem Ergebnis folgt, daß die durch Stöße mit Atomen hervorgerufene Verteilung der Teilchen für kleine Dicken hauptsächlich durch die Einfachstreuung bestimmt wird. Zweifellos bewirkt auch die Mehrfachstreuung einen gewissen Effekt beim Ausgleich der Verteilung der gestreuten Teilchen, dieser ist jedoch um so geringer, je kleiner der Anteil der um einen bestimmten Winkel gestreuten Teilchen ist.

§ 6. Vergleich der Theorie mit den Experimenten

In der gegenwärtigen Theorie ist die zentrale Ladung Ne eine wichtige Konstante, und es ist wünschenswert, ihren Wert für verschiedene Atome zu bestimmen. Das kann am einfachsten so geschehen, daß man den kleinen Anteil von α- oder β-Teilchen bestimmt, die mit bekannter Geschwindigkeit auf einen dünnen Metallschirm auftreffen und um Winkel zwischen Φ und $\Phi + d\Phi$ gestreut werden, wobei Φ der Ablenkwinkel ist. Der Einfluß der Mehrfachstreuung ist gering, wenn dieser Anteil klein ist.

Experimente in dieser Richtung werden vorbereitet, es ist jedoch schon in diesem Stadium wünschenswert, die bereits veröffentlichten Daten über die Streuung von α- und β-Teilchen im Lichte der gegenwärtigen Theorie zu diskutieren.

Folgende Punkte sollen diskutiert werden:

a) Die „diffuse Reflexion“ der α-Teilchen, d. h. die Streuung von α-Teilchen um große Winkel (GEIGER und MARSDEN),
b) die Veränderung der diffusen Reflexion mit dem Atomgewicht des Strahlers (GEIGER und MARSDEN),
c) die mittlere Streuung eines Bündels von α-Strahlen, die eine dünne Metallschicht durchdrungen haben (GEIGER),
d) die Experimente von CROWTHER über die Streuung von β-Strahlen verschiedener Geschwindigkeiten an verschiedenen Metallen.

(a) In der Arbeit von GEIGER und MARSDEN [1] über die diffuse Reflexion von α-Teilchen, die auf verschiedene Substanzen auftreffen, wird gezeigt, daß ungefähr 1/8000 der α-Teilchen von Radium C, die auf eine dicke Platinschicht auftreffen, in die Einfallsrichtung gestreut werden. Dieser Anteil ist aus der Annahme abgeleitet worden, daß die α-Teilchen gleichmäßig in alle Richtungen gestreut werden, die Beobachtungn wurden für eine Ablenkung von über 90° gemacht. Die Form des Experiments ist nicht sehr geeignet für eine genaue Berechnung, dennoch kann aus den verfügbaren Daten gezeigt werden, daß die beobachtete Streuung ungefähr so ist, wie nach der Theorie zu erwarten ist, wenn das Platinatom eine zentrale Ladung von etwa 100 e besitzt.

(b) In ihren Experimenten über diesen Gegenstand geben GEIGER und MARSDEN die entsprechende Zahl von α-Teilchen an, die unter ähnlichen Bedingungen diffus von dicken Schichten verschiedener Metalle reflektiert werden. Die von ihnen beobachteten Zahlen sind in der folgenden Tabelle angegeben, wobei z die entsprechende Zahl der gestreuten Teilchen ist, die durch die Zahl der Szintillationen pro Minute auf einem Zinksulfidschirm gemessen wird.

Metall	Atomgewicht	z	$\frac{z}{A^{3/2}}$
Blei	207	62	208
Gold	197	67	242
Platin	195	63	232
Zinn	119	34	226
Silber	108	27	241
Kupfer	64	14,5	225
Eisen	56	10,2	250
Aluminium	27	3,4	243
		Mittelwert	233

Nach der Theorie der Einfachstreuung ist der Anteil aller α-Teilchen, die beim Durchgang durch eine Dicke t

um einen bestimmten Winkel gestreut werden, proportional zu nA^2t, wobei man annimmt, daß die zentrale Ladung dem Atomgewicht A proportional ist. Im vorliegenden Fall hängt die Dicke des Materials, aus dem die gestreuten α-Teilchen noch austreten und den Zinksulfidschirm anregen können, vom Metall ab. Da BRAGG gezeigt hat, daß die Bremskraft eines Atoms für ein α-Teilchen proportional der Quadratwurzel aus seinem Atomgewicht ist, ist der Wert für nt für verschiedene Elemente proportional $1/\sqrt{A}$. In diesem Falle stellt t die größte Tiefe dar, aus der die gestreuten α-Teilchen noch austreten können. Die Zahl z der von einer dicken Schicht rückwärts gestreuten α-Teilchen ist folglich proportional zu $A^{3/2}$, oder $z/A^{3/2}$ sollte eine Konstante sein.

Um diese Schlußfolgerung mit dem Experiment zu vergleichen, sind die entsprechenden Werte des letztgenannten Quotienten in der letzten Spalte angegeben. Bedenkt man die Schwierigkeit des Experiments, so ist die Übereinstimmung zwischen Theorie und Experiment als ziemlich gut anzusehen.[1])

Eine starke Einfachstreuung von α-Teilchen wird sicher in gewissem Umfang die Gestalt der BRAGGschen Ionisierungskurve für ein Bündel von α-Strahlen beeinflussen. Dieser Effekt der starken Streuung wird ausgeprägt sein, wenn die α-Strahlen Metallschichten mit großen Atomgewichten durchquert haben, und er wird gering sein für Atome mit niedrigem Atomgewicht.

(*c*) GEIGER nahm eine gründliche Bestimmung der Streuung von α-Teilchen an dünnen Metallfolien nach der Szintillationsmethode vor und leitete daraus den wahrscheinlichen Winkel ab, um den α-Teilchen beim Passieren bekannter Schichtdicken verschiedener Arten von Materie abgelenkt werden.

[1]) Der Effekt der Geschwindigkeitsänderung bei einem Stoß mit einem Atom ist bei dieser Rechnung vernachlässigt worden.

Als Strahlungsquelle wurde ein schmales Bündel homogener α-Strahlen verwendet. Nach dem Passieren der Streufolie wurde die Gesamtzahl der um verschiedene Winkel abgelenkten α-Teilchen direkt gemessen. Der Winkel, für den die Zahl der gestreuten Teilchen ein Maximum erreichte, wurde als wahrscheinlichster Winkel angenommen. Die Veränderung des wahrscheinlichsten Winkels mit der Dicke der Materie wurde bestimmt, die Rechnungen mit diesen Daten sind jedoch etwas kompliziert wegen der Geschwindigkeitsänderung der α-Teilchen beim Durchgang durch das streuende Material. Eine Betrachtung der in der Arbeit [2] angegebenen Verteilungskurve zeigt, daß der Winkel, in den die Hälfte der Teilchen gestreut wird, um etwa 20% größer ist als der wahrscheinlichste Winkel.

Wir haben schon gesehen, daß die Mehrfachstreuung wichtig werden kann, wenn etwa die Hälfte der Teilchen in einen gegebenen Winkel gestreut wird, und es ist schwierig, in solchen Fällen die relativen Effekte von den beiden Arten der Streuung auseinanderzuhalten. Eine näherungsweise Abschätzung kann auf folgende Weise vorgenommen werden. Aus der Beziehung (§ 5) zwischen den Wahrscheinlichkeiten p_1 und p_2 für Mehrfach- bzw. Einfachstreuung folgt

$$p_2 \ln p_1 = -0{,}721.$$

Die Wahrscheinlichkeit q der kombinierten Effekte kann in erster Näherung als

$$q = (p_1^2 + p_2^2)^{1/2}$$

angenommen werden. Für $q = 0{,}5$ sind

$$p_1 = 0{,}2 \quad \text{und} \quad p_2 = 0{,}46.$$

Wir haben gesehen, daß die Wahrscheinlichkeit p_2 für eine Einfachablenkung um mehr als Φ durch

$$p_2 = {}^1/_4\, \pi n t b^2 \cot^2 {}^1/_2\, \Phi$$

gegeben ist. Da das in den Experimenten betrachtete Φ vergleichsweise klein ist, gilt

$$\frac{\Phi\sqrt{p_2}}{\sqrt{\pi n t}} = b = \frac{2NeE}{mu^2}.$$

GEIGER fand, daß der wahrscheinlichste Streuwinkel für α-Strahlen an einer Goldfolie, deren Dicke der Bremskraft von etwa 0,76 cm Luft äquivalent ist, gleich $1°40'$ ist. Der Winkel Φ, um den die Hälfte der α-Teilchen abgelenkt wird, entspricht damit nahezu $2°$:

$$t = 0{,}00017\ \text{cm};\quad n = 6{,}07\cdot 10^{22};$$
$$u\ (\text{Mittelwert}) = 1{,}8\cdot 10^{9},$$
$$E/m = 1{,}5\cdot 10^{14}\ \text{esE};\ e = 4{,}65\cdot 10^{-10}.$$

Setzt man die Wahrscheinlichkeit der Einfachstreuung mit 0,46 an und setzt man die obigen Werte in die Formel ein, so erhält man für N bei Gold 97.

Für Gold einer Dicke, deren Bremswirkung 2,12 cm Luft entspricht, fand GEIGER den wahrscheinlichsten Winkel $3°40'$. In diesem Falle sind $t = 0{,}00047$, $\Phi = 4{,}4°$ und der Mittelwert $u = 1{,}7\cdot 10^9$, so daß man für N den Wert 114 erhält.

GEIGER zeigte, daß der wahrscheinlichste Ablenkwinkel für ein Atom nahezu proportional zu seinem Atomgewicht ist. Daraus ergibt sich folglich, daß N für verschiedene Atome etwa proportional zu deren Atomgewichten sein sollte, zumindest für die Atomgewichte zwischen Gold und Aluminium.

Da das Atomgewicht von Platin etwa gleich dem von Gold ist, folgt aus diesen Überlegungen, daß sowohl die Größe der diffusen Reflexion von α-Teilchen um mehr als 90° an Gold als auch der Betrag des kleinen mittleren Streuwinkels für ein Bündel von α-Strahlen, das eine Goldfolie passiert, mit der Hypothese der Einfachstreuung erklärt werden können, wenn man annimmt, daß das Goldatom eine zentrale Ladung von etwa 100 e besitzt.

(*d*) *Die Experimente von* Crowther *über die Streuung von β-Strahlen.* Wir wollen jetzt sehen, inwieweit die experimentellen Ergebnisse von Crowther über die Streuung von β-Teilchen verschiedener Geschwindigkeiten durch verschiedene Materialien aus der allgemeinen Theorie der Einfachstreuung erklärt werden können. Nach dieser Theorie ist der Anteil p der β-Teilchen, die um einen Winkel größer als Φ abgelenkt werden,

$$p = {}^1/_4\,\pi n t b^2 \cot^2 {}^1/_2\,\Phi.$$

Bei den meisten Versuchen von Crowther ist Φ genügend klein, um ohne großen Fehler $\tan {}^1/_2\,\Phi$ gleich ${}^1/_2\,\Phi$ zu setzen. Folglich gilt

$$\Phi^2 = 2\pi n t b^2 \quad \text{für} \quad p = {}^1/_2.$$

Bei der Theorie der Mehrfachstreuung haben wir schon gesehen, daß die Chance p_1 für eine Ablenkung der Teilchen um mehr als Φ durch

$$\Phi^2/\ln p_1 = -\,{}^9/_{64}\,\pi^3 n t\, b^2$$

gegeben ist. Da in den Experimenten von Crowther die Dicke t bestimmt wurde, für die $p = {}^1/_2$ ist, gilt

$$\Phi^2 = 0{,}96\,\pi n t b^2.$$

Für eine Wahrscheinlichkeit von ${}^1/_2$ sind damit die Theorien der Einfach- und Mehrfachstreuung in ihrer allgemeinen Form identisch, sie unterscheiden sich jedoch durch einen Zahlenfaktor. Damit ist erwiesen, daß die grundlegenden Beziehungen der Theorie der Mehrfachstreuung von Sir. J. J. Thomson, die experimentell durch Crowther bestätigt wurden, gleichermaßen gut für die Theorie der Einfachstreuung gelten.

Ist z. B. t_m die Dicke, bei der die Hälfte der Teilchen um einen Winkel Φ gestreut werden, so zeigte Crowther, daß $\Phi/\sqrt{t_m}$ und auch $(mu^2/E)\sqrt{t_m}$ für ein bestimmtes

Material und festes Φ konstant sind. Ungeachtet dieser offensichtlichen Ähnlichkeit in der Form sind die beiden Theorien grundlegend verschieden. In einem Falle werden die beobachteten Effekte durch die wiederholten Wirkungen kleiner Ablenkungen verursacht, während im anderen Falle die großen Ablenkungen als Resultat eines einzigen Stoßes angesehen werden. Die Verteilung der gestreuten Teilchen ist nach den beiden Theorien völlig verschieden, wenn die Wahrscheinlichkeit einer Ablenkung um mehr als Φ klein ist.

Wir haben schon gesehen, daß nach Geiger die Verteilung der gestreuten α-Teilchen über die verschiedenen Winkel gut mit der Theorie der Einfachstreuung übereinstimmt, dagegen nicht mit der Theorie der Mehrfachstreuung allein erklärt werden kann. Man hat allen Grund anzunehmen, daß die Gesetze der Streuung von α- und β-Teilchen sehr ähnlich sind, deshalb sollte das Verteilungsgesetz für gestreute β-Teilchen bei kleinen Materialdicken das gleiche sein wie für α-Teilchen. Da der Wert mu^2/E für β-Teilchen in den meisten Fällen viel kleiner ist als der entsprechende Wert für α-Teilchen, ist die Wahrscheinlichkeit großer Einfachablenkungen beim Passieren einer bestimmten Materieschicht für β-Teilchen viel größer als für α-Teilchen. Nach der Theorie der Einfachstreuung ist der Anteil der Teilchen, die um einen bestimmten Winkel abgelenkt werden, proportional zu kt, wenn die Dicke t als klein angenommen wird und k eine Konstante ist; demnach ist die Zahl der nicht um diesen Winkel abgelenkten Teilchen proportional zu $1 - kt$. Aus Überlegungen, die auf der Theorie der Mehrfachstreuung basieren, folgerte Sir J. J. Thomson, daß die Wahrscheinlichkeit einer Ablenkung um weniger als Φ proportional $1 - e^{-\mu/t}$ ist, wobei μ für jeden angegebenen Wert von Φ eine Konstante ist.

Die Richtigkeit dieser letzten Formel wurde von Crowther durch elektrische Messung des Anteils I/I_0 von gestreuten β-Teilchen geprüft, die durch eine kreisförmige Öffnung, die mit dem streuenden Material einen

Winkel von 36° bildete, gelangten. Wenn

$$I/I_0 = 1 - e^{-\mu/t}$$

gilt, sollte I anfangs mit wachsendem t sehr langsam abnehmen. CROWTHER stellte bei Verwendung von Aluminium als streuendem Material fest, daß die Veränderung von I/I_0 für kleine Werte von t gut mit dieser Theorie übereinstimmt. Andererseits sollte für Einfachstreuung, die zweifellos bei α-Strahlen vorkommt, die Kurve für die t-Abhängigkeit von I/I_0 im ersten Teil nahezu linear sein. Die Experimente von MADSEN [6] über die Streuung von β-Strahlen unterstützen solch eine Schlußfolgerung, obwohl sie nicht mit ganz so geringen Aluminiumdicken ausgeführt wurden, wie sie CROWTHER verwandte. Betrachtet man die Bedeutung dieses strittigen Punktes, so erscheinen weitere Versuche zu dieser Frage wünschenswert.

Aus der von CROWTHER angegebenen Tabelle der Werte von $\Phi/\sqrt{t_m}$ für verschiedene Elemente bei β-Strahlen mit der Geschwindigkeit $2{,}68 \cdot 10^{10}$ cm/s kann man nach der Theorie der Einfachstreuung die zentralen Ladungen Ne berechnen. Man kann annehmen, daß wie im Falle der α-Strahlen für einen bestimmten Wert von $\Phi/\sqrt{t_m}$ der Anteil der durch eine Einfachstreuung um einen Winkel größer Φ abgelenkten β-Teilchen 0,46 anstatt 0,5 ist.

Die aus CROWTHERS Daten berechneten N-Werte sind in der folgenden Tabelle angegeben:

Element	Atomgewicht	$\frac{\Phi}{\sqrt{t_m}}$	N
Aluminium	27	4,25	22
Kupfer	63,2	10,0	42
Silber	108	15,4	78
Platin	194	29,0	138

Es soll daran erinnert werden, daß die aus der Streuung von α-Strahlen abgeleiteten N-Werte für Gold bei zwei

Berechnungen 97 und 114 waren. Diese Zahlen sind etwas kleiner als die oben angegebenen Werte für Platin (nämlich 138), dessen Atomgewicht nicht sehr von Gold verschieden ist. Stellt man die in der Berechnung aus den experimentellen Daten enthaltenen Unsicherheiten in Rechnung, so ist die Übereinstimmung ausreichend gut, um zu zeigen, daß ungeachtet der großen Unterschiede in den Relativgeschwindigkeiten und Massen der Teilchen die gleichen allgemeinen Streugesetze für α- und β-Teilchen gelten.

Wie im Falle der α-Strahlen, kann der Wert von N für ein bestimmtes Element am einfachsten durch Messung des kleinen Anteils der einfallenden β-Teilchen bestimmt werden, die um einen großen Winkel gestreut werden. Auf diese Weise werden die bei kleinen Streuungen möglichen Fehler vermieden.

Sowohl die Streudaten für β- als auch für α-Strahlen zeigen, daß die zentrale Ladung in einem Atom genähert proportional zum Atomgewicht ist. Das stimmt mit den experimentellen Folgerungen von SCHMIDT [7] überein. In seiner Theorie der Absorption von β-Strahlen nimmt er an, daß beim Durchgang durch eine dünne Materieschicht ein kleiner Teil α der Teilchen gestoppt wird und ein kleiner Teil β reflektiert oder in die Einfallsrichtung zurückgestreut wird. Aus dem Vergleich der Absorptionskurven für verschiedene Elemente folgerte er, daß der Wert der Konstanten β für verschiedene Elemente proportional zu nA^2 ist, wobei n die Zahl der Atome pro Volumeneinheit und A das Atomgewicht des Elementes sind. Das ist genau die Beziehung, die nach der Theorie der Einfachstreuung zu erwarten ist, wenn die zentrale Ladung eines Atoms proportional zu seinem Atomgewicht ist.

§ 7. *Allgemeine Überlegungen*

Beim Vergleich der in dieser Arbeit skizzierten Theorie mit den experimentellen Ergebnissen wurde vorausgesetzt, daß das Atom aus einer zentralen, in einem

Punkt konzentrierten Ladung besteht und daß große Einfachablenkungen von α- und β-Teilchen hauptsächlich beim Durchgang durch ein starkes zentrales Feld verursacht werden. Die Wirkung einer gleich großen kompensierenden entgegengesetzten Ladung, die gleichmäßig über eine Kugel verteilt angenommen worden ist, wurde vernachlässigt. Einige Hinweise zur Unterstützung dieser Annahme sollen jetzt kurz betrachtet werden. Konkret betrachten wir den Durchgang eines α-Teilchens hoher Geschwindigkeit durch ein Atom, das eine positive Zentralladung Ne besitzt und von einer kompensierenden Ladung von N Elektronen umgeben ist. Wir erinnern uns, daß Masse, Impuls und kinetische Energie des α-Teilchens sehr groß sind gegenüber den entsprechenden Werten für ein schnell bewegtes Elektron. Aus dynamischen Überlegungen heraus ist es daher unmöglich, daß ein α-Teilchen bei starker Annäherung an ein Elektron um einen großen Winkel abgelenkt werden kann, selbst wenn sich das Elektron in schneller durch ein starkes elektrisches Feld erzwungener Bewegung befindet. Eine vernünftige Annahme scheint zu sein, daß die Wahrscheinlichkeit für große Einfachablenkungen bei einem Stoß mit einem Elektron wenn nicht Null, dann doch zumindest äußerst klein gegenüber der Ablenkung an der zentralen Ladung ist.

Es ist von Interesse zu prüfen, inwieweit experimentelle Ergebnisse Licht auf die Frage nach der Ausdehnung der Verteilung der zentralen Ladung wirft. Nehmen wir z. B. an, die zentrale Ladung sei aus N Einheitsladungen zusammengesetzt, die über ein solches Volumen verteilt sind, daß große Einfachablenkungen hauptsächlich durch die Einzelladungen und nicht durch das äußere Feld der gesamten Ladungsverteilung verursacht werden. Es wurde gezeigt (§ 3), daß der Anteil der um einen großen Winkel gestreuten α-Teilchen proportional zu $(NeE)^2$ ist, wobei Ne die in einem Punkt konzentrierte Zentralladung und E die Ladung des abgelenkten Teilchens sind. Wenn diese Ladung jedoch in einzelne

Einheiten (Subteilchen) verteilt ist, ist der Anteil der um einen bestimmten Winkel gestreuten α-Teilchen proportional zu Ne^2 statt zu N^2e^2. In dieser Rechnung ist der Einfluß der Masse der Subteilchen vernachlässigt, lediglich ihr elektrisches Feld ist in Rechnung gestellt worden. Da gezeigt wurde, daß der Wert der zentralen Punktladung für Gold ungefähr 100 sein muß, müßte der Wert einer verteilten Ladung, die das gleiche Verhältnis von Einfachablenkungen um einen großen Winkel erzeugt, wenigstens 10000 sein. Unter diesen Bedingungen würde die Masse eines einzelnen Subteilchens, verglichen mit der des α-Teilchens, klein sein, und große Einfachablenkungen wären überhaupt schwierig hervorzubringen. Weiterhin ist bei solch einer weit verteilten Ladung der Effekt der Mehrfachstreuung bedeutender als der der Einfachstreuung. Zum Beispiel würde der wahrscheinlichste kleine Ablenkwinkel eines Bündels von α-Teilchen beim Durchgang durch eine dünne Goldfolie viel größer sein, als dies experimentell von GEIGER (§ 6b—c) beobachtet wurde. Die Streuung in große und in kleine Winkel könnte dann nicht durch die Annahme einer zentralen Ladung vom gleichen Wert erklärt werden. Betrachtet man die Sachlage im Ganzen, scheint es am einfachsten anzunehmen, daß das Atom eine zentrale Ladung in einem sehr kleinen Volumen enthält und daß große Einfachablenkungen durch die zentrale Ladung als Ganzes und nicht durch ihre Bestandteile hervorgerufen werden. Gleichzeitig ist jedoch der experimentelle Befund nicht genau genug, um die Möglichkeit auszuschließen, daß ein kleiner Teil der positiven Ladung durch Satelliten in einem gewissen Abstand vom Zentrum getragen wird. Eine Klärung dieses Punktes könnte erfolgen, indem man prüft, ob die gleiche zentrale Ladung erforderlich ist, um die großen Einfachablenkungen von α- und β-Teilchen zu erklären; ein α-Teilchen muß sich dem Atomzentrum viel stärker annähern als ein β-Teilchen mittlerer Geschwindigkeit, um die gleiche große Ablenkung zu erfahren.

Die verfügbaren allgemeinen Meßergebnisse zeigen, daß der Wert dieser zentralen Ladung für verschiedene Atome genähert proportional zum Atomgewicht ist, zumindest für Atome schwerer als Aluminium. Es wird von großem Interesse sein, experimentell zu prüfen, ob eine solche einfache Beziehung auch für die leichteren Atome gilt. In Fällen, in denen die Masse des ablenkenden Atoms (z. B. Wasserstoff, Helium, Lithium) von der des α-Teilchens nicht sehr verschieden ist, muß die allgemeine Theorie der Einfachstreuung modifiziert werden; denn es ist notwendig, die Bewegungen der Atome selbst zu berücksichtigen (s. § 4).

Es ist interessant zu vermerken, daß NAGAOKA [8] mathematisch die Eigenschaften eines „Saturn"-Atoms beschrieben hat, das nach seiner Annahme aus einer zentralen anziehenden Masse besteht, die von Ringen kreisender Elektronen umgeben ist. Er zeigte, daß solch ein System stabil ist, wenn die Anziehungskraft groß ist. Von dem in dieser Arbeit betrachteten Standpunkt würde die Wahrscheinlichkeit einer großen Ablenkung praktisch unverändert bleiben, ob man das Atom nun als Scheibe oder als Kugel betrachtet. Es sei vermerkt, daß der für die zentrale Ladung des Goldatoms gefundene Näherungswert ($100e$) ungefähr gleich demjenigen ist, der zu erwarten wäre, wenn das Goldatom aus 49 Heliumatomen mit einer Ladung von je $2e$ bestünde. Es mag nur rein zufällig sein, aber es ist sicherlich bezeichnend im Hinblick auf die Emission von Heliumatomen mit zwei Einheitsladungen durch radioaktive Materie.

Die bisher betrachteten Ableitungen aus der Theorie sind unabhängig vom Vorzeichen der zentralen Ladung, und es war bis jetzt nicht möglich, einen stichhaltigen Grund für die Entscheidung zu finden, ob sie positiv oder negativ ist. Es scheint möglich zu sein, die Frage des Vorzeichens zu entscheiden, indem man Überlegungen über den Unterschied der Absorptionsgesetze anstellt, die nach den beiden Hypothesen für β-Teilchen zu erwarten sind; denn der Effekt der Strahlung infolge der Geschwindigkeitsabnahme eines β-Teilchens sollte für ein positives Zentrum weit ausgeprägter sein als für ein negatives. Für eine positive Zentralladung ist leicht einzusehen, daß eine positiv geladene Masse beim Verlassen des Zentrums eines schweren Atoms eine große Geschwindigkeit während der Bewegung durch das elektrische Feld erlangen wird. Es scheint möglich, auf diese Weise die hohe Emissionsgeschwindigkeit der α-Teilchen zu erklären, ohne anzunehmen, daß sie sich ursprünglich im Atom schnell bewegt haben.

Weitere Überlegungen über die Anwendung dieser Theorie auf diese und andere Fragen sollen für eine spätere Arbeit aufgehoben werden, sobald die Hauptfolgerungen aus der Theorie experimentell geprüft worden sind. Experimente in dieser Richtung werden schon von GEIGER und MARSDEN vorbereitet.

Literatur

[1] GEIGER und MARSDEN, Proc. roy. Soc. **82** (1909) 495.
[2] GEIGER, Proc. roy. Soc. **83** (1910) 492.
[3] THOMSON, Cambridge Lit. philos. Soc. **15** (1910), Teil 5.
[4] CROWTHER, Proc. roy. Soc. **84** (1910) 226.
[5] GEIGER, Manchester Lit. Philos. Soc. (1910).
[6] MADSEN, Philos. Mag. **18** (1909) 909.
[7] SCHMIDT, Ann. Phys. **23** (1907) 671.
[8] NAGAOKA, Philos. Mag. **7** (1904) 445.

5. Über den Aufbau der Atome und Moleküle[1])

Von

N. Bohr

Einleitung

Um die Ergebnisse der Experimente über die Ablenkung von α-Strahlen durch Materie zu erklären, hat Prof. Rutherford [1] eine Theorie der Struktur der Atome angegeben. Nach dieser Theorie bestehen die Atome aus einem positiv geladenen Kern, umgeben von einem System von Elektronen, das durch Anziehungskräfte vom Kern zusammengehalten wird. Die gesamte negative Ladung der Elektronen ist der positiven Ladung des Kerns gleich. Ferner wird der Kern als der Sitz des wesentlichen Teils der Atommasse angesehen; seine lineare Ausdehnung ist überaus klein verglichen mit der linearen Ausdehnung des gesamten Atoms. Die Elektronenzahl eines Atoms wird ungefähr gleich dem halben Atomgewicht angenommen. Diesem Atommodell muß großes Interesse beigemessen werden, weil — wie Rutherford zeigte — die Annahme der Existenz jener Kerne notwendig zu sein scheint, um die Resultate der Experimente über die Ablenkung der α-Strahlen um große Winkel zu erklären [2].

Bei dem Versuch, einige Eigenschaften der Materie auf der Grundlage dieses Atommodells zu erklären, treffen wir jedoch auf ernsthafte Schwierigkeiten, die aus der scheinbaren Instabilität des Elektronensystems erwachsen und die bei früher aufgestellten Atommodellen, z. B. bei dem von J. J. Thomson [3], absichtlich umgangen wurden. Nach dieser Theorie besteht das Atom aus einer Kugel gleichmäßiger positiver Elektrizität, innerhalb deren sich die Elektronen auf Kreisbahnen bewegen.

---

[1]) Übers. nach Philos. Mag. 26 (1913) 1.

Der prinzipielle Unterschied zwischen den von THOMSON und RUTHERFORD vorgeschlagenen Atommodellen besteht darin, daß die auf die Elektronen wirkenden Kräfte im THOMSONschen Atommodell bestimmte Konfigurationen und Bewegungen der Elektronen gestatten, für die sich das System in einem stabilen Gleichgewicht befindet; solche Konfigurationen existieren im zweiten Atommodell jedoch offensichtlich nicht. Die Natur des vorliegenden Unterschiedes wird vielleicht am deutlichsten sichtbar, wenn man beachtet, daß unter den charakteristischen Größen für das erste Atom eine Größe — der Radius der positiven Kugel — mit der Dimension einer Länge und der gleichen Größenordnung wie die lineare Ausdehnung des Atoms enthalten ist, während eine solche Länge unter den charakteristischen Größen des zweiten Atoms, nämlich unter den Ladungen und Massen der Elektronen und des positiven Kerns nicht erscheint; eine charakteristische Länge kann auch nicht allein mit Hilfe der letzteren Größe bestimmt werden.

Die Art und Weise, ein Problem dieser Art zu betrachten, hat sich in den letzten Jahren wesentlich verändert angesichts der Entwicklung der Theorie der Energiestrahlung und der direkten Bestätigung der neuen in dieser Theorie eingeführten Annahmen durch Experimente im Bereich sehr verschiedener Erscheinungen, wie spezifische Wärme, Photoeffekt, Röntgenstrahlen usw. Das Ergebnis der Diskussion dieser Fragen scheint eine allgemeine Bestätigung der Unzulänglichkeit der klassischen Elektrodynamik bei der Beschreibung des Verhaltens von Systemen atomarer Größe zu sein [4]. Wie auch immer die Veränderung der Bewegungsgesetze der Elektronen sein mag, scheint es notwendig, in die vorliegenden Gesetze eine Größe einzuführen, die der klassischen Elektrodynamik fremd ist, und zwar die PLANCKsche Konstante, oft auch das elementare Wirkungsquantum genannt. Durch die Einführung dieser Größe verändert sich die Frage nach der stabilen Konfiguration der Elektronen im Atom wesentlich, da diese Konstante eine solche Dimension und Größe hat, daß sie, zusammen mit der Masse und der Ladung der Teilchen, eine Länge der gesuchten Größenordnung ergeben kann.

Diese Arbeit ist ein Versuch zu zeigen, daß die Anwendung der obigen Ideen auf das RUTHERFORDsche Atommodell eine Grundlage für eine Theorie des Atombaus schafft. Es soll ferner gezeigt werden, daß uns diese Theorie zu einer Theorie der Struktur der Moleküle führt. Im vorliegenden ersten Teil der Arbeit wird der Mechanismus der Bindung der Elektronen an einen positiven Kern im Zusammenhang mit der PLANCKschen Theorie diskutiert. Es wird gezeigt werden, daß es von dem gewählten Standpunkt aus möglich ist, die Gesetzmäßigkeit des Wasserstofflinienspektrums auf einfache Weise zu erklären. Ferner werden Begründungen für eine grundsätzliche Hypothese gegeben, auf die sich die in den folgenden Teilen enthaltenen Überlegungen gründen.

Ich möchte hier Prof. RUTHERFORD meinen Dank aussprechen für sein freundliches und ermunterndes Interesse an dieser Arbeit.

TEIL I

Die Bindung von Elektronen an positive Kerne

§ 1. Allgemeine Überlegungen

Die Unzulänglichkeit der klassischen Elektrodynamik bei der Erklärung der Atomeigenschaften mit einem Atommodell wie dem RUTHERFORDschen tritt besonders deutlich hervor, wenn wir ein einfaches System aus einem positiv geladenen Kern von sehr kleiner Ausdehnung und einem Elektron betrachten, das geschlossene Bahnen um diesen beschreibt. Der Einfachheit halber wollen wir voraussetzen, daß die Masse des Elektrons gegenüber der des Kerns vernachlässigbar klein ist, und ferner, daß die Geschwindigkeit des Elektrons klein gegenüber derjenigen des Lichtes ist.

Zunächst wollen wir annehmen, daß keine Energiestrahlung auftritt. In diesem Falle beschreibt das Elektron stationäre elliptische Bahnen. Die Umlauffrequenz ω und die große Achse $2a$ der Umlaufbahn hängen von der Energiemenge W ab, die dem System zugeführt werden muß, um das Elektron in eine unendlich große Entfernung vom Kern zu bringen. Bezeichnen wir die Ladung des Elektrons und des Kerns mit $-e$ bzw. E und die Masse des Elektrons mit m, so erhalten wir

$$\omega = \frac{2^{1/2}}{\pi} \frac{W^{3/2}}{eEm^{1/2}}, \quad 2a = \frac{eE}{W}. \tag{1}$$

Ferner kann leicht gezeigt werden, daß der Mittelwert der kinetischen Energie des Elektrons für einen ganzen Umlauf gleich W ist. Wir sehen also, daß es keine für das fragliche System charakteristischen Werte von ω und a gibt, wenn der Wert für W nicht gegeben ist.

Wir wollen jetzt den Effekt der Energiestrahlung berücksichtigen, die auf die übliche Weise aus der Beschleunigung des Elektrons berechnet wird. In diesem Falle vollzieht das Elektron keine stationären Umläufe mehr. W wächst stetig und das Elektron nähert sich dem Kern, indem es mit ständig steigender Frequenz auf immer kleineren Bahnen umläuft; dabei gewinnt das Elektron im Durchschnitt so viel kinetische Energie, wie das ganze System in der gleichen Zeit an Energie verliert. Dieser Prozeß läuft ab, bis die Dimensionen der Umlaufbahn größenordnungsmäßig den räumlichen Abmessungen des Elektrons oder des Kernes gleich sind. Eine einfache Rechnung zeigt, daß die während des betrachteten Prozesses emittierte Energie gegenüber der bei gewöhnlichen molekularen Prozessen emittierten Energie enorm groß ist.

Zwangsläufig unterscheidet sich das Verhalten eines solchen Systems sehr von dem eines in der Natur vorkommenden atomaren Systems. Erstens scheint das wirkliche Atom in seinem Dauerzustand absolut feststehende räumliche Abmessungen und Frequenzen zu haben. Wenn wir ferner irgendeinen molekularen Prozeß betrachten, scheint immer folgendes Ergebnis vorzuliegen: Nachdem ein System einen charakteristischen Energiebetrag emittiert hat, geht es wieder in einen stabilen Gleichgewichtszustand über, und die Abstände zwischen den Teilchen sind von der gleichen Größenordnung wie vor dem Prozeß.

Der wesentliche Punkt der PLANCKschen Strahlungstheorie ist nun, daß die Energiestrahlung eines atomaren Systems nicht kontinuierlich abläuft, wie es die gewöhnliche Elektrodynamik voraussetzt, sondern im Gegensatz dazu in deutlich getrennten Emissionen. Dabei ist der von einem atomaren Vibrator der Frequenz ν bei einem einzelnen Emissionsakt abgestrahlte Energiebetrag gleich $\tau h\nu$, worin τ eine ganze Zahl und h eine universelle Konstante sind [5].

Wir wenden uns wieder dem oben betrachteten einfachen Fall eines Elektrons und eines positiven Kerns zu und wollen annehmen, daß sich das Elektron zu Beginn der Wechselwirkung mit dem Kern in einer großen Entfernung von diesem befand und keine merkliche Geschwindigkeit relativ zu ihm hatte. Ferner wollen wir annehmen, daß sich das Elektron nach der Wechselwirkung auf einer stationären Bahn um den Kern bewegt. Wir wollen aus später darzulegenden Gründen voraussetzen, daß die fragliche Bahn kreisförmig ist; diese Voraussetzung verändert jedoch die Berechnungen für Systeme mit nur einem Elektron nicht.

Wir wollen jetzt annehmen, daß während der Bindung des Elektrons eine homogene Strahlung der Frequenz ν emittiert wird, wobei ν gleich der halben Umlauffrequenz des Elektrons in seiner endgültigen Bahn ist; dann können wir nach der PLANCKschen Theorie erwarten, daß der bei dem betrachteten Prozeß emittierte Energiebetrag gleich $\tau h\nu$ ist, wobei h die PLANCKsche Konstante und τ eine ganze Zahl sind. Wenn wir voraussetzen, daß die emittierte Strahlung homogen ist, drängt sich die zweite Voraussetzung über die Frequenz der Strahlung von selbst auf, weil die Umlauffrequenz des Elektrons zu Beginn der Emission Null ist. Die Frage der strengen Gültigkeit beider Voraussetzungen und auch der Berechtigung der Anwendung der PLANCKschen Theorie wird in § 3 zusammenhängender diskutiert werden.

Setzen wir

$$W = \tau h \, {}^1/_2 \omega, \tag{2}$$

so erhalten wir mit Hilfe von Formel (1)

$$W = \frac{2\pi^2 m e^2 E^2}{\tau^2 h^2}, \quad \omega = \frac{4\pi^2 m e^2 E^2}{\tau^3 h^3}, \quad 2a = \frac{\tau^2 h^2}{2\pi^2 m e E}. \tag{3}$$

Lassen wir τ in diesen Ausdrücken verschiedene Werte annehmen, so erhalten wir eine Reihe von Werten für W, ω und a, denen eine Reihe von Konfigurationen des Systems entspricht. Die obigen Überlegungen führen uns zu der Annahme, daß diese Konfigurationen den Zuständen des Systems entsprechen, in denen keine Energiestrahlung auftritt und die folglich so lange stationär sind, wie das System nicht von außen gestört wird. Wir sehen, daß W am größten ist, wenn τ seinen kleinsten Wert 1 annimmt. Dieser Fall entspricht deshalb dem stabilsten Zustand des Systems, d. h., zum Lösen dieser Bindung des Elektrons ist der größte Energiebetrag nötig.

Setzen wir in den obigen Ausdrücken $\tau = 1$ und $E = e$ und führen wir die experimentellen Werte

$$e = 4{,}7 \cdot 10^{-10}, \quad e/m = 5{,}31 \cdot 10^{17}, \quad h = 6{,}5 \cdot 10^{-27}$$

ein, so erhalten wir

$$2a = 1{,}1 \cdot 10^{-8}\,\text{cm}, \qquad \omega = 6{,}2 \cdot 10^{15}\,\text{s}^{-1}, \qquad W/e = 13\,\text{V}.$$

Wir sehen, daß diese Werte von der gleichen Größenordnung wie die linearen Ausdehnungen des Atoms, die optischen Frequenzen und die Ionisationspotentiale sind.

Die umfassende Bedeutung der PLANCKschen Theorie für die Beschreibung des Verhaltens atomarer Systeme wurde ursprünglich von EINSTEIN aufgezeigt [6]. Die EINSTEINschen Überlegungen wurden besonders von STARK, NERNST und SOMMERFELD weiterentwickelt und auf eine Reihe verschiedener Erscheinungen angewendet. Die Übereinstimmung der Größenordnung der beobachteten Werte für die Frequenzen und die Abmessungen der Atome sowie den auf Grund von ähnlichen Überlegungen wie oben berechneten Werten für diese Größe war Gegenstand vieler Diskussionen. Sie wurde zuerst von HAAS [7] bei dem Versuch bemerkt, die Bedeutung und den Wert der PLANCKschen Konstanten mit Hilfe der linearen Abmessungen und der Frequenz des Wasserstoffatoms auf der Grundlage des THOMSONschen Atommodells zu erklären.

Systeme, wie sie in der vorliegenden Arbeit betrachtet werden, in denen sich die Kräfte zwischen den Teilchen umgekehrt proportional zum Quadrat des Abstandes verhalten, wurden von J. W. NICHOLSON [8] im Hinblick auf die PLANCKsche Theorie diskutiert. Dieser Autor hat in einer Reihe von Arbeiten gezeigt, daß es möglich erscheint, unter der Annahme der Anwesenheit gewisser hypothetischer Elemente von exakt angegebener Konstitution Linien bisher unbekannter Herkunft in den Spektren der Sternnebel und in der Sonnenkorona zu erklären. Die Atome dieser Elemente sollen einfach aus einem Ring von einigen Elektronen bestehen, die einen positiven Kern von vernachlässigbar kleiner Ausdehnung umkreisen. Die Verhältnisse zwischen den Frequenzen der fraglichen Linien werden mit den Verhältnissen zwischen den Frequenzen verglichen, die den verschiedenen Schwingungsarten des Elektronenrings entsprechen. NICHOLSON hat eine Verbindung zur PLANCKschen Theorie hergestellt und gezeigt, daß die Verhältnisse der Wellenlängen verschiedener Linienserien des Koronaspektrums mit großer Genauigkeit erklärt werden können, wenn man voraussetzt, daß das Verhältnis zwischen der Energie des Systems und der Rotationsfrequenz des Ringes ein ganzzahliges Vielfaches der Planckschen Konstanten ist. Die von Nicholson als Energie angegebene Größe ist das Doppelte der oben mit W bezeichneten Größe. In der letzten der zitierten Arbeiten hielt es Nicholson für nötig, der Theorie eine kompliziertere Form zu geben; das Verhältnis von Energie zur Frequenz ist jedoch weiterhin eine einfache Funktion ganzer Zahlen.

Die hervorragende Übereinstimmung zwischen den berechneten und beobachteten Werten für das Verhältnis der fraglichen Wellenlängen scheint ein starkes Argument für die Gültigkeit der Grundlage von Nicholsons Berechnung zu sein. Es können jedoch auch ernsthafte Einwände gegen die Theorie erhoben werden. Diese Einwände hängen eng mit dem Problem der Homogenität der emittierten Strahlung zusammen. In Nicholsons Berechnungen wird die Frequenz der Linien eines Linienspektrums mit der Schwingungsfrequenz eines mechanischen Systems in einem deutlich ausgeprägten Gleichgewichtszustand identifiziert. Da eine Beziehung aus der Planckschen Theorie benutzt wird, dürfen wir erwarten, daß die Strahlung in Quanten ausgesendet wird; aber Systeme, in denen die Frequenz eine Funktion der Energie ist, können keinen endlichen Betrag homogener Strahlung emittieren, weil sich Energie und Frequenz des Systems ändern, sobald die Emission beginnt. Nach Nicholsons Berechnungen sind die Systeme ferner für einige Schwingungsarten instabil. Abgesehen von solchen Einwänden, die nur formal sein mögen (s. den Schluß der vorliegenden Arbeit), muß bemerkt werden, daß die Theorie in der gegebenen Form nicht fähig zu sein scheint, die bekannten Gesetze von Balmer und Rydberg zu erklären, die die Frequenzen der Linien in den Linienspektren der gewöhnlichen Elemente zusammenfassen.

Es soll versucht werden zu zeigen, daß die vorliegenden Schwierigkeiten verschwinden, wenn wir die Probleme von dem in dieser Arbeit gewählten Standpunkt aus betrachten. Bevor wir fortfahren, dürfte es vorteilhaft sein, noch einmal kurz die Gedanken zusammenzustellen, die für die zu Gleichung (3) führenden Rechnungen charakteristisch sind. An prinzipiellen Voraussetzungen wurde benutzt:

1. Das dynamische Gleichgewicht der Systeme in den stationären Zuständen kann mit Hilfe der gewöhnlichen Mechanik beschrieben werden, während der Übergang der Systeme zwischen verschiedenen stationären Zuständen nicht auf dieser Grundlage behandelt werden kann.

2. Dem letzteren Prozeß folgt die Emission einer *homogenen* Strahlung, für die das Verhältnis zwischen der Frequenz und der emittierten Energiemenge durch die PLANCKsche Theorie gegeben ist.

Die erste Voraussetzung ergibt sich von selbst, da bekannt ist, daß die gewöhnliche Mechanik keine absolute Gültigkeit haben kann, sondern nur bei der Berechnung gewisser Mittelwerte der Elektronenbewegung gilt. Andererseits brauchen wir bei Berechnungen des dynamischen Gleichgewichts eines stationären Zustandes, in dem keine Verschiebung der Teilchen relativ zueinander auftritt, nicht zwischen den wirklichen Bewegungen und den Mittelwerten zu unterscheiden. Die zweite Voraussetzung steht in offensichtlichem Widerspruch zu den herkömmlichen Vorstellungen der Elektrodynamik, scheint aber notwendig zu sein, um die experimentellen Fakten zu erklären.

In unseren Berechnungen haben wir ferner von spezielleren Voraussetzungen Gebrauch gemacht, und zwar davon, daß den verschiedenen stationären Zuständen die Emission einer unterschiedlichen Zahl PLANCKscher Energiequanten entspricht und daß die Frequenz der Strahlung, die bei einem Übergang des

Systems von einem Zustand, in dem noch keine Energie abgestrahlt wird, in einen stationären Zustand emittiert wird, gleich der halben Umlauffrequenz des Elektrons im letzteren Zustand ist. Wir können jedoch auch (s. § 3) zum Ausdruck (3) für die stationären Zustände gelangen, wenn wir etwas andere Voraussetzungen benutzen. Deshalb wollen wir die Diskussion der speziellen Voraussetzungen zurückstellen und erst zeigen, wie wir mit Hilfe der obigen prinzipiellen Voraussetzungen und des Ausdrucks (3) für die stationären Zustände das Wasserstoff-Linienspektrum erklären können.

§ 2. Die Emission von Linienspektren

Das Wasserstoffspektrum. Alles deutet darauf hin, daß ein Wasserstoffatom einfach aus einem einzelnen Elektron besteht, das um einen positiven Kern der Ladung e rotiert [9].[1]) Wenn das Elektron z. B. bei einer elektrischen Entladung in einer Vakuumröhre in eine große Entfernung vom Kern gebracht worden ist, entspricht die Neubildung des Wasserstoffatoms der in § 1 betrachteten Bindung eines Elektrons an einen positiven Kern. Wenn wir in (3) $E = e$ setzen, erhalten wir für die gesamte bei der Bildung eines stationären Zustandes ausgestrahlte Energiemenge

$$W_\tau = \frac{2\pi^2 m e^4}{h^2 \tau^2}.$$

Folglich ist die beim Übergang des Systems von einem Zustand mit $\tau = \tau_1$ in einen anderen Zustand mit

[1]) Die in der Arbeit [9] gezogene Schlußfolgerung wird stark unterstützt durch die Tatsache, daß Wasserstoff das einzige Element ist, das bei den Experimenten mit Kanalstrahlen von Sir J. J. Thomson [10] nicht mit einer positiven Ladung auftritt, die dem Verlust von mehr als einem Elektron entsprechen würde.

$\tau = \tau_2$ emittierte Energiemenge

$$W_{\tau_2} - W_{\tau_1} = \frac{2\pi^2 m e^4}{h^2}\left(\frac{1}{\tau_2^2} - \frac{1}{\tau_1^2}\right).$$

Wenn wir jetzt annehmen, daß die vorliegende Strahlung homogen ist und daß die emittierte Energiemenge gleich $h\nu$ ist, wobei ν die Frequenz der Strahlung ist, erhalten wir

$$W_{\tau_2} - W_{\tau_1} = h\nu$$

und daraus

$$\nu = \frac{2\pi^2 m e^4}{h^3}\left(\frac{1}{\tau_2^2} - \frac{1}{\tau_1^2}\right). \tag{4}$$

Wir sehen, daß dieser Ausdruck die Formel für die Linien des Wasserstoffspektrums richtig wiedergibt. Wenn wir $\tau_2 = 2$ setzen und τ_1 sich ändern lassen, erhalten wir die BALMER-Serie. Setzen wir $\tau_2 = 3$, so erhalten wir die von PASCHEN [11] beobachtete und von RITZ vorausgesagte Serie im infraroten Bereich. Setzen wir $\tau_2 = 1$ bzw. $\tau_2 = 4, 5, \ldots$, so erhalten wir Serien im extrem ultravioletten bzw. infraroten Bereich, die zwar noch nicht beobachtet wurden, deren Existenz aber erwartet werden kann.

Die vorliegende Übereinstimmung ist sowohl quantitativ als auch qualitativ. Setzen wir

$$e = 4{,}7 \cdot 10^{-10}, \qquad e/m = 5{,}31 \cdot 10^{17}, \qquad h = 6{,}5 \cdot 10^{-27},$$

so erhalten wir

$$\frac{2\pi^2 m e^4}{h^3} = 3{,}1 \cdot 10^{15}.$$

Der beobachtete Wert des in Formel (4) vor der Klammer stehenden Faktors ist

$$3{,}290 \cdot 10^{15}.$$

Die Übereinstimmung zwischen dem theoretischen und dem beobachteten Wert liegt innerhalb der Ungenauigkeit infolge der experimentellen Fehler in den Konstanten im Ausdruck für den theoretischen Wert. Wir werden in § 3 die mögliche Bedeutung der vorliegenden Übereinstimmung weiter betrachten.

Es sei bemerkt, daß die Tatsache, daß es bei den Experimenten mit Vakuumröhren nicht möglich war, mehr als 12 Linien der BALMER-Serie zu beobachten, während in den Spektren einiger Himmelskörper 33 Linien beobachtet wurden, gerade das ist, was wir nach der obigen Theorie erwarten müßten. Nach Gleichung (3) ist der Durchmesser der Elektronenbahn in den verschiedenen stationären Zuständen proportional zu τ^2. Für $\tau = 12$ ist der Durchmesser $1{,}6 \cdot 10^{-6}$ cm oder gleich dem mittleren Molekülabstand bei einem Gasdruck von etwa 7 Torr; für $\tau = 33$ ist der Durchmesser $1{,}2 \cdot 10^{-5}$ cm, was dem mittleren Molekülabstand bei einem Druck von etwa 0,02 Torr entspricht. Folglich ist nach der Theorie eine sehr geringe Gasdichte die notwendige Bedingung für das Auftreten einer großen Anzahl von Linien; um gleichzeitig eine für die Beobachtung ausreichende Intensität zu erzeugen, muß der mit Gas gefüllte Raum sehr groß sein. Wenn die Theorie richtig ist, können wir also niemals damit rechnen, bei Experimenten mit Vakuumröhren Linien zu beobachten, die großen Zahlen der BALMER-Serie im Emissionsspektrum des Wasserstoffs entsprechen; es dürfte jedoch möglich sein, diese Linien bei der Untersuchung des Absorptionsspektrums dieses Gases zu beobachten (s. § 4).

Man wird sehen, daß man auf die angegebene Art und Weise andere Serien, die allgemein dem Wasserstoff zugeschrieben werden, nicht erhält, so z. B. die zuerst von PICKERING [12] im Spektrum des Sterns ζ Puppis beobachtete Serie und die kürzlich von FOWLER [13] bei Experimenten mit Vakuumröhren, die ein Gemisch von Wasserstoff und Helium enthielten, gefundene Reihe von Serien. Wir werden jedoch sehen, daß wir diese

Serien mit Hilfe der obigen Theorie ganz natürlich erklären können, wenn wir sie dem Helium zuschreiben.

Ein neutrales Atom dieses Elementes besteht nach der RUTHERFORDschen Theorie aus einem positiven Kern der Ladung $2e$ und zwei Elektronen. Betrachten wir jetzt die Bindung eines einzelnen Elektrons an einen Heliumkern, indem wir in (3) aus § 1 $E = 2e$ setzen und genau auf die gleiche Weise wie oben verfahren, so erhalten wir

$$\nu = \frac{8\pi^2 m e^4}{h^3}\left(\frac{1}{\tau_2^2} - \frac{1}{\tau_1^2}\right) = \frac{2\pi^2 m e^4}{h^3}\left(\frac{1}{(^1/_2\tau_2)^2} - \frac{1}{(^1/_2\tau_1)^2}\right).$$

Setzen wir in dieser Formel $\tau_2 = 1$ oder $\tau_2 = 2$, dann erhalten wir Serien im extrem ultravioletten Bereich. Setzen wir $\tau_2 = 3$ und lassen τ_1 sich ändern, so erhalten wir eine Serie, die zwei der von FOWLER beobachteten Serien umfaßt und die von ihm als erste und zweite Hauptserie des Wasserstoffspektrums bezeichnet wurde. Setzen wir $\tau_2 = 4$, so erhalten wir die von PICKERING im Spektrum von ζ Puppis beobachtete Serie. Jede zweite Linie dieser Serie ist mit einer Linie der BALMER-Serien des Wasserstoffspektrums identisch; die Anwesenheit von Wasserstoff in dem vorliegenden Stern dürfte deshalb die Tatsache erklären, daß diese Linien von größerer Intensität sind als der Rest der Linien dieser Serie. Die Serie wurde auch in den Experimenten von FOWLER gefunden und wird in seiner Arbeit als die scharfe Serie des Wasserstoffspektrums bezeichnet. Setzen wir schließlich in der obigen Formel $\tau_2 = 5, 6, \ldots$, so erhalten wir Serien, deren starke Linien im Infraroten zu erwarten sind.

Der Grund, weshalb das betrachtete Spektrum in gewöhnlichen Heliumröhren nicht beobachtet wurde, mag sein, daß die Ionisation des Heliums in diesen Röhren nicht so vollständig ist wie in dem betrachteten Stern oder bei dem Experiment von FOWLER, wo eine starke Entladung durch das Wasserstoff-Helium-Gemisch geschickt wurde. Die Bedingung für das Auftreten des Spektrums ist gemäß der obigen Theorie, daß die Heliumatome in einem Zustand vorliegen, in dem sie ihre beiden Elektronen abgegeben haben. Wir müssen voraussetzen, daß der zur Ablösung des zweiten Elektrons eines Heliumatoms benötigte Energiebetrag viel größer ist als derjenige zur Ablösung des ersten. Aus den Experimenten mit Kanalstrahlen ist weiterhin bekannt, daß Wasserstoffatome negative Ladungen an sich ziehen können; deshalb mag die Anwesenheit von Wasserstoff bei Fowlers Experimenten bewirken, daß von einigen Heliumatomen mehr Elektronen abgelöst werden, als es in reinem Helium der Fall wäre.

Spektren anderer Stoffe. Im Fall von Mehrelektronensystemen müssen wir, in Übereinstimmung mit den experimentellen Ergebnissen, kompliziertere Gesetze für die Linienspektren erwarten als die oben betrachteten. Ich will versuchen zu zeigen, daß der oben gewählte Standpunkt auf jeden Fall ein gewisses Verständnis der beobachteten Gesetze erlaubt.

Nach der von Ritz [14] verallgemeinerten Rydbergschen Theorie kann die Frequenz, die den Spektrallinien eines Elements entspricht, durch

$$\nu = F_r(\tau_1) - F_s(\tau_2)$$

ausgedrückt werden, wobei τ_1 und τ_2 ganze Zahlen sind. $F_1, F_2, F_3, \ldots$ sind Funktionen von τ und genähert gleich

$$\frac{K}{(\tau + a_1)^2}, \frac{K}{(\tau + a_2)^2}, \ldots,$$

wobei K eine universelle Konstante ist, die gleich dem Faktor vor der Klammer in Formel (4) für das Wasserstoffspektrum ist. Wir erhalten die verschiedenen Serien, wenn wir τ_1 oder τ_2 gleich einer festen Zahl setzen und die andere Zahl variieren lassen.

Die Tatsache, daß die Frequenz als Differenz zweier Funktionen von ganzen Zahlen ausgedrückt werden kann, läßt eine ähnliche Entstehung der fraglichen Spektrallinien vermuten wie beim Wasserstoff, d. h., die Linien entsprechen der beim Übergang des Systems zwischen zwei verschiedenen stationären Zuständen emittierten Strahlung. Für Systeme mit mehr als einem Elektron kann die genauere Diskussion sehr kompliziert werden, weil es viele verschiedene Elektronenkonfigurationen gibt, die als stationäre Zustände angesehen werden können. Das erklärt die verschiedenen Gruppen von Serien in den von den betreffenden Stoffen emittierten Linienspektren. Ich will hier nur versuchen zu zeigen, wie man mit Hilfe der Theorie leicht begründen kann, daß die Konstante K in der RYDBERG-Formel für alle Stoffe gleich ist.

Wir wollen annehmen, daß das fragliche Spektrum der bei der Bindung eines Elektrons emittierten Strahlung entspricht; ferner wollen wir annehmen, daß das System mit dem betrachteten Elektron neutral ist. Wenn sich das Elektron in einem großen Abstand vom Kern und von den schon gebundenen Elektronen befindet, wirkt auf das Elektron ungefähr die gleiche Kraft wie im obigen Fall bei der Bindung eines Elektrons an einen Wasserstoffkern. Deshalb ist die Energie eines stationären Zustandes für großes τ annähernd gleich dem Ausdruck (3) in § 1, wenn wir $E = e$ setzen. Folglich erhalten wir für großes τ

$$\lim \left(\tau^2 F_1(\tau)\right) = \lim \left(\tau^2 F_2(\tau)\right) = \cdots = \frac{2\pi^2 m e^4}{h^3},$$

in Übereinstimmung mit RYDBERGS Theorie.

§ 3. *Weitere allgemeine Überlegungen*

Wir wollen jetzt zur Erörterung der speziellen Voraussetzungen zurückkehren, die bei der Herleitung des Ausdrucks (3) für die stationären Zustände eines Systems, das aus einem um einen Kern kreisenden Elektron besteht, benutzt worden sind.

Zunächst einmal haben wir vorausgesetzt, daß die verschiedenen stationären Zustände der Emission einer unterschiedlichen Anzahl von Energiequanten entspreche. Bei der Betrachtung von Systemen, in denen die Frequenz eine Funktion der Energie ist, kann diese Voraussetzung jedoch als unwahrscheinlich angesehen werden, da sich die Frequenz ändert, sobald ein Quant ausgesendet wird. Wir werden jetzt sehen, daß wir die verwendete Voraussetzung fallenlassen können und weiter die Gleichung (2) und damit die formale Analogie mit der Planckschen Theorie beibehalten können.

Als erstes wird festgestellt werden, daß es zur Ableitung der Strahlungsformel mit Hilfe des Ausdrucks (3) für die stationären Zustände nicht nötig war vorauszusetzen, daß in irgendeinem Fall eine Strahlung von mehr als einem einzelnen Energiequant $h\nu$ ausgestrahlt wird, um die Spektralformel abzuleiten. Weitere Informationen über die Strahlungsfrequenz kann man gewinnen, wenn man die auf die obigen Voraussetzungen gegründeten Berechnungen der Energiestrahlung im Bereich langsamer Schwingungen mit den Berechnungen vergleicht, die sich auf die herkömmliche Mechanik stützen. Bekanntlich stimmen die Berechnungen auf der letzteren Grundlage im genannten Bereich mit den Experimenten über die Energiestrahlung überein.

Wir wollen voraussetzen, daß das Verhältnis der Gesamtmenge der emittierten Energie zur Umlauffrequenz des Elektrons für die verschiedenen stationären Zustände durch die Gleichung $W = f(\tau)\, h\omega$ anstelle von Gleichung (2) gegeben ist. Verfahren wir in der gleichen Weise wie oben, so erhalten wir in diesem Fall anstelle von (3)

$$W = \frac{\pi^2 m e^2 E^2}{2h^2 f^2(\tau)}, \quad \omega = \frac{\pi^2 m e^2 E^2}{2h^3 f^3(\tau)}.$$

Wenn wir wie oben voraussetzen, daß der beim Übergang des Systems von einem Zustand mit $\tau = \tau_1$ in einen

Zustand mit $\tau = \tau_2$ emittierte Energiebetrag gleich $h\nu$ ist, bekommen wir anstelle von (4)

$$\nu = \frac{\pi^2 m e^2 E^2}{2 h^3} \left(\frac{1}{f^2(\tau_2)} - \frac{1}{f^2(\tau_1)} \right).$$

Wir sehen, daß man, um einen Ausdruck von der gleichen Form wie die BALMER-Serien zu erhalten, $f(\tau) = c\tau$ setzen muß.

Um c zu bestimmen, wollen wir jetzt den Übergang des Systems zwischen zwei benachbarten stationären Zuständen mit $\tau = N$ und $\tau = N - 1$ betrachten; wir führen $f(\tau) = c\tau$ ein und erhalten für die Frequenz der emittierten Strahlung

$$\nu = \frac{\pi^2 m e^2 E^2}{2 c^2 h^3} \frac{2N - 1}{N^2 (N-1)^2}.$$

Die Umlauffrequenz des Elektrons vor und nach der Emission ist

$$\omega_N = \frac{\pi^2 m e^2 E^2}{2 c^3 h^3 N^3} \quad \text{bzw.} \quad \omega_{N-1} = \frac{\pi^2 m e^2 E^2}{2 c^3 h^3 (N-1)^3}.$$

Für großes N ist das Verhältnis zwischen der Frequenz vor und nach der Emission annähernd 1. Nach der herkömmlichen Elektrodynamik müßten wir deshalb erwarten, daß das Verhältnis zwischen der Strahlungsfrequenz und der Umlauffrequenz auch annähernd 1 ist. Diese Bedingung ist nur für $c = 1/2$ erfüllt. Setzen wir jedoch $f(\tau) = 1/2\,\tau$, so gelangen wir wieder zu Gleichung (2) und folglich zu Gleichung (3) für die stationären Zustände.

Betrachten wir den Übergang des Systems zwischen zwei stationären Zuständen mit $\tau = N$ und $\tau = N - n$, wobei n klein gegen N ist, so erhalten wir in der gleichen Näherung wie oben für $f(\tau) = 1/2\,\tau$

$$\nu = n\omega.$$

Die Möglichkeit einer Emission von Strahlung mit dieser Frequenz kann auch analog zur herkömmlichen Elektrodynamik interpretiert werden, wonach ein Elektron, das einen Kern auf einer elliptischen Bahn umkreist, eine Strahlung emittiert. Diese Strahlung kann nach dem Theorem von Fourier in homogene Komponenten der Frequenzen $n\omega$ zerlegt werden, wenn ω die Umlauffrequenz des Elektrons ist.

Das führt uns zu der Annahme, daß die Gleichung (2) nicht besagt, daß den verschiedenen stationären Zuständen die Emission einer unterschiedlichen Anzahl von Energiequanten entspricht, sondern daß die Frequenz der beim Übergang des Systems aus einem noch strahlungsfreien Zustand in einen stationären Zustand emittierten Energie ein bestimmtes Vielfaches von $^1/_2\omega$ ist, wobei ω die Umlauffrequenz des Elektrons im betrachteten Zustand ist. Mit dieser Voraussetzung erhalten wir genau die gleichen Ausdrücke für die stationären Zustände wie zuvor und aus diesen mit Hilfe der Grundannahme von § 1 den gleichen Ausdruck für das Wasserstoffspektrum. Folglich können wir unsere einleitenden Betrachtungen in § 1 nur als eine einfache Form der Darstellung der Ergebnisse der Theorie ansehen.

Bevor wir die Erörterung dieser Frage beenden, wollen wir kurz zur Frage der Bedeutung der Übereinstimmung zwischen den beobachteten und den berechneten Werten für die Konstanten, die in den Ausdruck (4) für die Balmer-Serie des Wasserstoffspektrums eingehen, zurückkehren. Ausgehend von der Formel für das Wasserstoffspektrum und unter der Annahme, daß den verschiedenen Linien eine homogene beim Übergang zwischen verschiedenen stationären Zuständen emittierte Strahlung entspricht, folgt aus der obigen Betrachtung, daß wir genau den gleichen Ausdruck wie in (4) für die vorliegende Konstante erhalten; dazu müssen wir nur voraussetzen, 1. daß die Strahlung in Quanten $h\nu$ ausgesendet wird und 2. daß die Frequenz der beim Übergang des Systems zwischen benachbarten stationären Zuständen emittierten Strahlung im Bereich langsamer Schwingungen mit der Umlauffrequenz des Elektrons übereinstimmt.

Oblgeich alle Annahmen, die wir in dieser letzteren Art der Darstellung der Theorie benutzt haben, rein qualitativ sind, können wir — wenn die ganze Art der Betrachtung vernünftig ist — mit Recht eine absolute Übereinstimmung zwischen dem für die vorliegende Konstante berechneten und dem beobachteten Wert erwarten, nicht nur eine genäherte Übereinstimmung. Formel (4) kann deshalb bei der Diskussion der Ergebnisse der experimentellen Bestimmungen der Konstanten e, m und h wertvoll sein.

Während offensichtlich nicht von einer mechanischen Begründung der in dieser Arbeit angegebenen Berechnungen die Rede sein kann, ist es doch möglich, mit Hilfe von Symbolen der herkömmlichen Mechanik eine sehr einfache Interpretation des Resultats der Rechnung aus § 1 zu geben. Bezeichnen wir den Drehimpuls des Elektrons um den Kern mit M, so erhalten wir für eine Kreisbahn sofort $\tau M = T/\omega$, wobei ω die Umlauffrequenz und T die kinetische Energie des Elektrons sind; für eine Kreisbahn gilt weiter $T = W$, und folglich erhalten wir aus (2)

$$M = \tau M_0$$

mit

$$M_0 = \frac{h}{2\pi} = 1{,}04 \cdot 10^{-27}.$$

Wenn wir deshalb annehmen, daß die Umlaufbahn des Elektrons in den stationären Zuständen kreisförmig ist, können wir das Resultat der Rechnung aus § 1 durch die einfache Bedingung ausdrücken: Der Drehimpuls des Elektrons um den Kern in einem stationären Zustand des Systems ist ein ganzzahliges Vielfaches eines universellen Wertes unabhängig von der Ladung des Kerns.

Die mögliche Bedeutung des Drehimpulses bei der Diskussion atomarer Systeme in bezug auf die Plancksche Theorie wurde von Nicholson [8] nachdrücklich betont.

Außer bei Untersuchungen der Emission und Absorption von Strahlung wird die große Zahl der verschiedenen stationären Zustände nicht beobachtet. Bei den meisten anderen physikalischen Erscheinungen beobachten wir die Atome der Materie nur in einem einzigen ausgezeichneten Zustand, und zwar dem Zustand der Atome bei niedriger Temperatur. Die vorausgegangenen Betrachtungen führen uns sofort zu der Annahme, daß der „permanente" Zustand derjenigen unter den stationären Zuständen ist, bei dessen Entstehung der größte Energiebetrag emittiert wird. Nach Gleichung (3) ist das der Zustand mit $\tau = 1$.

§ 4. Absorption von Strahlung

Um den Kirchhoffschen Satz zu erklären, ist es notwendig, Voraussetzungen über den Mechanismus der Strahlungsabsorption einzuführen, die den bei der Betrachtung der Emission benutzten entsprechen. Folglich müssen wir annehmen, daß ein aus einem Kern und einem darum kreisenden Elektron bestehendes System unter gewissen Umständen eine Strahlung von einer Frequenz absorbieren kann, die gleich der Frequenz der homogenen beim Übergang des Systems zwischen verschiedenen stationären Zuständen emittierten Strahlung ist. Wir wollen die Strahlung betrachten, die beim Übergang des Systems zwischen den beiden stationären Zuständen A_1 und A_2 mit den τ-Werten τ_1 und τ_2 emittiert wird, wobei $\tau_1 > \tau_2$ sein soll. Da die Anwesenheit von Systemen im Zustand A_1 eine notwendige Bedingung für die Emission der vorliegenden Strahlung war, müssen wir annehmen, daß die notwendige Bedingung für die Absorption der Strahlung das Vorliegen von Systemen im Zustand A_2 ist.

Diese Betrachtungen scheinen mit Experimenten über die Absorption in Gasen übereinzustimmen. In Wasserstoffgas z. B. findet unter normalen Bedingungen keine Absorption einer Strahlung einer Frequenz statt, die dem Linienspektrum dieses Gases entspricht; eine solche Absorption wird im Wasserstoffgas nur im leuchtenden Zustand beobachtet. Das würden wir nach dem Obengesagten auch erwarten. Wir haben in § 2 angenommen, daß die fragliche Strahlung beim Übergang des Systems zwischen stationären Zuständen mit $\tau \geqq 2$ emittiert wurde. Dem Zustand der Atome im Wasserstoffgas unter normalen Bedingungen müßte jedoch $\tau = 1$ entsprechen; ferner verbinden sich die Wasserstoffatome unter normalen Bedingungen zu Molekülen, d. h. zu Systemen, in denen das Elektron andere Frequenzen als in den Atomen hat (s. Teil III). Aus der Tatsache, daß gewisse Stoffe, wie z. B. Natriumdampf, im nichtleuchtenden Zustand Strahlung absorbieren, die den Linien ihres Linienspektrums entspricht, kann man andererseits schließen, daß die vorliegenden Linien beim Übergang des Systems zwischen zwei Zuständen, von denen einer der Grundzustand ist, emittiert werden.

Wie sehr sich die obigen Betrachtungen von einer auf die herkömmliche Elektrodynamik gegründeten Interpretation unterscheiden, wird vielleicht dadurch am deutlichsten, daß wir annehmen mußten, daß ein System von Elektronen eine Strahlung absorbieren wird, deren Frequenz sich von der auf die herkömmliche Weise berechneten Schwingungsfrequenz des Elektrons unterscheidet. In diesem Zusammenhang dürfte es von Interesse sein, eine Verallgemeinerung der Betrachtungen zu erwähnen, zu der uns Experimente mit dem Photoeffekt geführt haben und die etwas Licht auf das betrachtete Problem werfen könnte. Wir wollen einen Zustand des Systems betrachten, in dem das Elektron frei ist, d. h., in dem das Elektron genügend viel kinetische Energie besitzt, um sich in eine unendliche Entfernung vom Kern zu bewegen Wenn wir voraussetzen, daß die Bewegung des Elektrons durch die herkömmliche Mechanik bestimmt wird und daß keine (merkliche) Energiestrahlung auftritt, ist die Gesamtenergie des Systems — wie auch in den oben betrachteten stationären Zuständen — konstant. Ferner gehen die beiden Arten von Zuständen ganz kontinuierlich ineinander über, da der frequenz- und dimensionsmäßige Unterschied der Systeme in benachbarten stationären Zuständen mit wachsendem τ unendlich klein wird. In der folgenden Betrachtung wollen wir die beiden vorliegenden Zustandsarten der Kürze halber als „mechanische" Zustände bezeichnen; diese Bezeichnung soll nur die Voraussetzung unterstreichen, daß die Bewegung des Elektrons in beiden Fällen durch die herkömmliche Mechanik erklärt werden kann.

Wenn wir die Analogie der beiden Arten der mechanischen Zustände verfolgen, können wir die Möglichkeit einer Strahlungsabsorption erwarten, die nicht nur dem Übergang zwischen zwei verschiedenen stationären Zuständen entspricht, sondern auch dem Übergang zwischen einem stationären Zustand und einem Zustand, in dem das Elektron frei ist. Wie oben dürfen wir erwarten, daß die Frequenz dieser Strahlung durch die Gleichung $E = h\nu$ bestimmt wird, wobei E die Differenz der Gesamtenergie des Systems in den beiden Zuständen ist. Wie wir sehen werden, wurde gerade eine solche Strahlungsabsorption bei Experimenten über die Ionisierung durch ultraviolettes Licht und durch Röntgenstrahlen beobachtet. Offensichtlich erhalten wir auf diese Weise den gleichen Ausdruck für die kinetische Energie eines durch Photoeffekt aus einem Atom ausgeschlagenen Elektrons, wie er von EINSTEIN [15] gefolgert wurde, d. h. $T = h\nu - W$, wobei T die kinetische Energie des herausgeschlagenen Elektrons und W der Gesamtbetrag der während der ursprünglichen Bindung des Elektrons emittierten Energie ist.

Die obigen Betrachtungen können ferner die Ergebnisse einiger Experimente von R. W. WOOD [16] über die Lichtabsorption in Natriumdampf erklären. In diesen

Experimenten wurde eine Absorption von sehr vielen Linien in der Hauptserie des Natriumspektrums beobachtet und außerdem eine kontinuierliche Absorption, die an der Seriengrenze beginnt und sich bis in den extrem ultravioletten Bereich erstreckt. Genau das mußten wir nach der vorliegenden Analogie erwarten; wie wir sehen werden, erlaubt uns eine gründliche Betrachtung der obigen Experimente, die Analogie noch weiter zu verfolgen. Wie schon in § 2 erwähnt wurde, sind die Radien der Elektronenbahnen für stationäre Zustände mit hohen τ-Werten sehr groß gegenüber den normalen Atomabmessungen. Mit dieser Tatsache haben wir erklärt, warum Linien, denen große Zahlen in der Balmer-Serie des Wasserstoffspektrums entsprechen, bei Experimenten mit Vakuumröhren nicht auftreten. Dies stimmt auch mit Experimenten über das Emissionsspektrum des Natriums überein; in der Hauptserie des Emissionsspektrums dieser Substanz werden ziemlich wenige Linien beobachtet. Nun war in Woods Experimenten der Druck nicht sehr niedrig und die Zustände mit großen τ-Werten konnten deshalb nicht auftreten; im Absorptionsspektrum wurden jedoch etwa 50 Linien nachgewiesen. In den vorliegenden Experimenten beobachteten wir folglich eine Strahlungsabsorption, die nicht von einem vollständigen Übergang zwischen zwei verschiedenen stationären Zuständen begleitet ist. Nach der vorliegenden Theorie müssen wir annehmen, daß dieser Absorption eine Energieemission folgt, durch die das System in den ursprünglichen stationären Zustand zurückkehrt. Wenn keine Zusammenstöße zwischen den verschiedenen Systemen auftreten, wird diese Energie mit der Frequenz der absorbierten Strahlung emittiert, und es tritt keine wirkliche Absorption auf, sondern nur eine Streuung der ursprünglichen Strahlung; wirkliche Absorption tritt nicht auf, es sei denn, daß die Energie durch Stöße in kinetische Energie freier Teilchen umgewandelt wird. Analog können wir aus den obigen Experimenten folgern, daß ein gebundenes Elektron — auch für den Fall, daß keine Ionisierung vorliegt — eine absorbierende (streuende) Wirkung auf eine homogene Strahlung ausübt, sobald die Frequenz der Strahlung größer als W/h ist, wobei W der gesamte, während der Bindung des Elektrons emittierte Energiebetrag ist. Dies spricht sehr für die oben skizzierte Theorie der Absorption, da in einem solchen Falle von einer Übereinstimmung der Strahlungsfrequenz und einer charakteristischen Schwingungsfrequenz des Elektrons keine Rede sein kann. Wir werden ferner sehen, daß die Voraussetzung, daß eine Absorption (Streuung) einer beliebigen Strahlung auftritt, die einem Übergang zwischen zwei verschiedenen mechanischen Zuständen entspricht, der allgemein benutzten Voraussetzung völlig analog ist, daß ein freies Elektron eine absorbierende (streuende) Wirkung auf Licht beliebiger Frequenz ausübt. Entsprechende Überlegungen gelten für die Strahlungsemission.

Analog zu der in dieser Arbeit benutzten Voraussetzung, daß sich die Emission von Linienspektren auf die erneute Formierung der Atome, nachdem ein oder mehrere leicht gebundene Elektronen losgelöst wurden, zurückführen läßt, können wir annehmen, daß die homogene Röntgenstrahlung während der Stabilisierung des Systems emittiert wird, nachdem ein fest gebundenes Elektron, z. B. durch den Aufprall von Katodenstrahlteilchen [17], herausgelöst wurde. Im nächsten Teil dieser Arbeit, der sich mit dem Aufbau der Atome befaßt, wollen wir diese Frage eingehender betrachten und zu zeigen versuchen, daß eine Rechnung unter dieser Annahme quantitativ mit den experimentellen Ergebnissen übereinstimmt: Wir wollen hier nur kurz ein Problem erwähnen, das uns bei solchen Berechnungen begegnet.

Die Experimente über Röntgenstrahlen deuten darauf hin, daß nicht nur die Strahlungsemission und -absorption, sondern auch das Ergebnis eines Stoßes zweier Elektronen, von denen eines an ein Atom gebunden ist, nicht mehr mit Hilfe der herkömmlichen Elektrodynamik behandelt werden kann. Das wird vielleicht durch einige sehr aufschlußreiche, kürzlich von RUTHERFORD [18] veröffentlichte Berechnungen der Energie von β-Teilchen, die von radioaktiven Stoffen emittiert wurden, deutlich. Diese Rechnungen deuten sehr darauf hin, daß ein Elektron großer Geschwindigkeit beim Durchgang durch ein Atom und beim Zusammenstoß mit den gebundenen Elektronen Energie in deutlich begrenzten Quanten abgibt. Wie man sofort sieht, unterscheidet sich das sehr von dem, was wir erwarten müßten, wenn das Ergebnis der Stöße von den herkömmlichen mechanischen Gesetzen bestimmt würde. Das Versagen der klassischen Mechanik bei einem solchen Problem konnte von vornherein aus dem Fehlen einer jeglichen Gleichverteilung der kinetischen Energie auf die freien und die im Atom gebundenen Elektronen erwartet werden. Vom Gesichtspunkt der „mechanischen" Zustände sehen wir jedoch, daß die folgende Annahme – die in Einklang mit der obigen Analogie steht – die Ergebnisse von RUTHERFORDS Rechnung und das Fehlen der Gleichverteilung der kinetischen Energie erklären könnte: Zwei stoßende Elektronen, frei oder gebunden, befinden sich sowohl vor als auch nach dem Zusammenstoß in mechanischen Zuständen. Offensichtlich würde die Einführung einer solchen Annahme keine Änderung der klassischen Behandlung des Zusammenstoßes von zwei freien Teilchen erfordern. Aber für einen Zusammenstoß zwischen einem freien und einem gebundenen Elektron würde folgen, daß das gebundene Elektron beim Stoß keinen kleineren Energiebetrag als die Energiedifferenz zu benachbarten stationären Zuständen aufnehmen kann und folglich, daß das freie Elektron, das mit ihm zusammenstößt, auch keinen kleineren Betrag abgeben kann.

Der vorläufige und hypothetische Charakter der obigen Betrachtungen braucht nicht betont zu werden. Es war meine Absicht zu zeigen, daß die skizzierte Verallgemeinerung der Theorie der stationären Zustände möglicherweise eine einfache Grundlage für die Darstellung einer Anzahl von experimentellen Tatsachen bilden kann, die nicht mit Hilfe der herkömmlichen Elektrodynamik erklärt werden können, und daß die benutzten Voraussetzungen nicht unvereinbar mit Experimenten über Erscheinungen zu sein scheinen, für die durch die klassische Dynamik und die Wellentheorie des Lichtes eine befriedigende Erklärung gegeben wurde.

§ 5. Der Grundzustand eines atomaren Systems

Wir wollen jetzt zum Hauptgegenstand dieser Arbeit zurückkehren — der Besprechung des „permanenten" Zustandes eines Systems aus Kernen und gebundenen Elektronen. Nach dem Obengesagten ist dieser Zustand für ein System aus einem Kern und einem um ihn kreisenden Elektron durch die Bedingung bestimmt, daß der Drehimpuls des Elektrons um den Kern gleich $h/2\pi$ ist.

Das Wasserstoffatom ist nach der in dieser Arbeit vertretenen Theorie das einzige neutrale Atom, das ein einzelnes Elektron enthält. Der Grundzustand dieses Atoms entspricht den in § 1 für a und ω berechneten Werten. Leider wissen wir wegen der bei normaler Temperatur geringen Dissoziation der Wasserstoffmoleküle sehr wenig über das Verhalten der Wasserstoffatome. Um einen besseren Vergleich mit den Experimenten zu erhalten, ist es daher notwendig, kompliziertere Systeme zu betrachten.

Bei der Betrachtung von Systemen, in denen mehrere Elektronen an einen positiven Kern gebunden werden, stellt diejenige Elektronenkonfiguration einen stabilen Zustand dar, bei der die Elektronen in einem Ring um den Kern angeordnet sind. Bei der Erörterung dieses Problems auf der Grundlage der herkömmlichen Elektrodynamik treffen wir — abgesehen von der Frage der Energiestrahlung — auf neue Schwierigkeiten, die sich aus der Frage der Stabilität des Ringes ergeben. Wir wollen die letzteren Schwierigkeiten für einen Augenblick zurückstellen und zuerst die Dimensionen und die Frequenz des

Systems in bezug auf die PLANCKsche Strahlungstheorie betrachten.

Wir wollen einen Ring betrachten, der aus n um einen Kern der Ladung E rotierenden Elektronen besteht; die Elektronen seien in gleichen Winkelabständen auf dem Umfang eines Kreises vom Radius a angeordnet. Die gesamte potentielle Energie des aus den Elektronen und dem Kern bestehenden Systems ist

$$P = -\frac{ne}{a}(E - es_n)$$

mit

$$s_n = \frac{1}{4}\sum_{s=1}^{s=n-1} \operatorname{cosec}\frac{s\pi}{n}.$$

Für die vom Kern und von allen anderen Elektronen auf ein Elektron ausgeübte Radialkraft erhalten wir

$$F = -\frac{1}{n}\frac{\mathrm{d}P}{\mathrm{d}a} = -\frac{e}{a^2}(E - es_n).$$

Bezeichnen wir die kinetische Energie eines Elektrons mit T und vernachlässigen wir die elektromagnetischen Kräfte infolge der Bewegung der Elektronen (s. Teil II), so erhalten wir, indem wir die Zentrifugalkraft auf ein Elektron der Radialkraft gleichsetzen,

$$\frac{2T}{a} = \frac{e}{a^2}(E - es_n) \quad \text{oder} \quad T = \frac{e}{2a}(E - es_n).$$

Daraus erhalten wir die Umlauffrequenz

$$\omega = \frac{1}{2\pi}\sqrt{\frac{e(E - es_n)}{ma^3}}.$$

Der Gesamtbetrag W der Energie, die dem System zugeführt werden muß, um die Elektronen unendlich weit vom Kern und voneinander zu entfernen, ist

$$W = -P - nT = \frac{ne}{2a}(E - es_n) = nT,$$

also gleich der gesamten kinetischen Energie der Elektronen.

Wir sehen, daß der einzige Unterschied zwischen der obigen Formel und der Formel für die Bewegung eines einzelnen Elektrons auf einer kreisförmigen Bahn um einen Kern in der Substitution $E \rightarrow E - es_n$ besteht. Wir sehen auch sofort, daß der Bewegung eines Elektrons auf einer elliptischen Umlaufbahn um den Kern eine Bewegung von n Elektronen entspricht, bei der sich jedes Elektron auf einer elliptischen Umlaufbahn mit dem Kern im Brennpunkt bewegt und die n Elektronen sich zu jedem Zeitpunkt in gleichen Winkelabständen auf einem Kreis mit dem Kern im Mittelpunkt befinden. Die große Achse und die Frequenz der Umlaufbahn der einzelnen Elektronen sind für diese Bewegung durch die Ausdrücke (1) gegeben, wenn wir E durch $E - es_n$ und W durch W/n ersetzen. Wir wollen jetzt annehmen, daß das System der n in einem Ring um den Kern rotierenden Elektronen analog wie für ein einzelnes um einen Kern rotierendes Elektron gebildet wird. Wir nehmen also an, daß sich die Elektronen vor der Bindung an den Kern in einer großen Entfernung von diesem befunden haben und keine merkliche Geschwindigkeit hatten und daß ferner während der Bindung eine homogene Strahlung emittiert wurde. Wie im Falle eines einzelnen Elektrons gilt auch hier, daß der Gesamtbetrag der während der Bildung des Systems emittierten Energie gleich der endgültigen kinetischen Energie der Elektronen ist. Wir nehmen nun an, daß sich die Elektronen während der Bildung des Systems zu jedem Zeitpunkt in gleichen Winkelabständen auf dem Umfang eines Kreises mit dem Kern im Mittelpunkt befinden. Ähnliche Betrachtungen wie in

§ 1 legen nahe, die Existenz einer Reihe stationärer Konfigurationen anzunehmen, in denen die kinetische Energie pro Elektron gleich $\tau h \cdot {}^1/_2 \omega$ ist, wobei τ eine ganze Zahl, h die PLANCKsche Konstante und ω die Umlauffrequenz sind. Die Konfiguration, bei der der größte Energiebetrag emittiert wird, ist wie vorhin diejenige mit $\tau = 1$. Diese Konfiguration ist als der beständige Zustand des Systems anzusehen, wenn die Elektronen in diesem Zustand in einem einzigen Ring angeordnet sind. Wie im Falle eines einzelnen Elektrons sehen wir, daß der Drehimpuls jedes Elektrons gleich $h/2\pi$ ist. Es sei bemerkt, daß wir statt der einzelnen Elektronen den Ring als Ganzes hätten betrachten können. Das würde zum gleichen Ergebnis führen, da in diesem Fall die Umlauffrequenz ω durch die Frequenz $n\omega$ der aus der herkömmlichen Elektrodynamik berechneten Strahlung des ganzen Ringes und T durch die gesamte kinetische Energie nT ersetzt werden.

Es kann noch viele andere stationäre Zustände geben, die anderen Wegen bei der Bildung des Systems entsprechen. Die Annahme der Existenz solcher Zustände scheint notwendig, um die Linienspektren der Systeme mit mehr als einem Elektron zu erklären; darauf deutet auch die in § 1 erwähnte Theorie von NICHOLSON hin, zu der wir gleich zurückkehren wollen. Aus der Betrachtung der Spektren ergibt sich jedoch, soweit ich sehe, kein Hinweis auf die Existenz von stationären Zuständen, in denen alle Elektronen in einem Ring angeordnet sind und denen größere Werte für die gesamte emittierte Energie entsprechen als derjenige, den wir oben als den Grundzustand angesehen haben.

Ferner könnte es stationäre Konfigurationen eines Systems von n Elektronen und einem Kern der Ladung E geben, in denen nicht alle Elektronen in einem einzigen Ring angeordnet sind. Die Frage nach der Existenz solcher stationärer Konfigurationen ist für unsere Bestimmung des Grundzustandes jedoch nicht wesentlich, solange wir voraussetzen, daß die Elektronen in diesem

Zustand des Systems auf einem einzigen Ring angeordnet sind. Systeme mit komplizierteren Konfigurationen werden weiter unten erörtert.

Mit Hilfe der obigen Ausdrücke für T und ω erhalten wir unter Verwendung von $T = h \cdot {}^1/_2 \omega$ Werte für a und ω für den Grundzustand des Systems, die sich von den Werten in den Gleichungen (3) nur dadurch unterscheiden, daß E durch $E - e s_n$ ersetzt ist.

Die Frage nach der Stabilität eines Ringes aus um eine positive Ladung rotierenden Elektronen wurde ausführlich von Sir J. J. THOMSON [3] erörtert. Eine Anwendung der THOMSONschen Analyse auf den hier betrachteten Fall eines um einen Kern von vernachlässigbar kleinen linearen Abmessungen kreisenden Ringes wird von NICHOLSON [8] gegeben. Die Untersuchung des vorliegenden Problems gliedert sich naturgemäß in zwei Teile: einen, der sich mit der Stabilität gegenüber Verschiebungen der Elektronen in der Ebene des Ringes beschäftigt, und einen, der sich mit Verschiebungen senkrecht zu dieser Ebene befaßt. Wie NICHOLSONS Berechnungen zeigen, unterscheidet sich die Antwort auf die Frage der Stabilität in den beiden vorliegenden Fällen sehr. Während der Ring gegenüber den letzteren Verschiebungen im allgemeinen stabil ist, solange die Anzahl der Elektronen nicht groß ist, ist der Ring gegenüber Verschiebungen der ersten Art in keinem der von NICHOLSON betrachteten Fälle stabil.

Von dem in dieser Arbeit gewählten Standpunkt aus hängt die Frage nach der Stabilität gegenüber Verschiebungen der Elektronen in der Ebene des Rings aufs engste mit der Frage des Bindungsmechanismus der Elektronen zusammen und kann wie diese nicht auf der Grundlage der herkömmlichen Dynamik behandelt werden. Im folgenden wollen wir von der Hypothese Gebrauch machen, daß die Stabilität eines Rings von um einen Kern rotierenden Elektronen durch die obige Bedingung der universellen Konstanz des Drehimpulses gesichert ist, zusammen mit der weiteren Bedingung, daß sich die Teilchen in derjenigen Konfiguration befinden, bei deren Bildung der größte Energiebetrag emittiert wurde. Wie noch gezeigt wird, ist diese Hypothese bezüglich der Frage nach der Stabilität gegenüber einer Verschiebung der Elektronen senkrecht zur Ringebene derjenigen bei den herkömmlichen mechanischen Berechnungen äquivalent.

Wenn wir zu NICHOLSONS Theorie der Entstehung der im Spektrum der Sonnenkorona beobachteten Linien zurückkehren, werden wir sehen, daß die in § 1 erwähnten Schwierigkeiten nur formaler Natur sein können. Erstens sind die Einwände, die die Instabilität der Systeme gegenüber Verschiebungen der Elektronen in der Ringebene betreffen, von dem oben eingenommenen Standpunkt aus nicht stichhaltig. Zum anderen beziehen sich die Einwände, was die Strahlungsemission in Quanten betrifft, nicht auf die vorliegenden Rechnungen, wenn wir annehmen, daß wir es bei dem Koronaspektrum nicht mit einer wirklichen Emission zu tun haben, sondern nur mit einer Streuung von Strahlung. Diese Annahme scheint berechtigt, wenn wir die Bedingungen auf dem Himmelskörper betrachten; denn wegen der enormen Verdünnung der Materie ereignen sich relativ wenig Zusammenstöße, die die stationären Zustände stören und eine wirkliche Lichtemission durch einen Übergang zwischen verschiedenen stationären Zuständen verursachen. Andererseits besteht in der Sonnenkorona eine intensive Beleuchtung mit Licht aller Frequenzen, die die natürlichen Schwingungen der Systeme in den verschiedenen stationären Zuständen hervorrufen könnte. Wenn die obige Annahme richtig ist, verstehen wir sofort die völlig unterschiedliche Form der Gesetze für die von NICHOLSON diskutierten Linien und die in dieser Arbeit betrachteten gewöhnlichen Lichtspektren.

Bei der weiteren Betrachtung von Systemen mit komplizierterem Aufbau wollen wir das folgende Theorem benutzen, das sich leicht beweisen läßt:

„In jedem aus Elektronen und positiven Kernen bestehenden System, in dem sich die Kerne in Ruhe befinden und die Elektronen sich mit einer gegenüber der Lichtgeschwindigkeit kleinen Geschwindigkeit auf kreisförmigen Umlaufbahnen bewegen, ist die kinetische Energie zahlenmäßig gleich der Hälfte der potentiellen Energie."

Wie in den vorhergehenden Fällen eines einzelnen Elektrons oder eines um den Kern rotierenden Ringes sehen wir mit Hilfe dieses Theorems, daß die gesamte emittierte Energie bei der Bildung der Systeme aus einem Zustand, in dem sich die Teilchen in unendlichem Abstand voneinander befinden und relativ zueinander keine Geschwindigkeiten besitzen, gleich der kinetischen Energie der Elektronen in der endgültigen Konfiguration ist.

Das führt uns dazu, analog zum Fall eines einzigen Ringes anzunehmen, daß zu jeder Gleichgewichtskonfiguration eine Reihe geometrisch ähnlicher stationärer Konfigurationen des Systems existieren wird, in denen die kinetische Energie jedes Elektrons gleich dem Produkt aus der Umlauffrequenz und $^1/_2\,\tau h$ ist, wobei τ eine ganze Zahl und h die Planckkonstante sind. In jeder dieser Serien von stationären Konfigurationen wird diejenige dem größten emittierten Energiebetrag entsprechen, in der τ für alle Elektronen gleich 1 ist. Berücksichtigen wir, daß das Verhältnis der kinetischen Energie zur Frequenz für ein auf einer Kreisbahn umlaufendes Teilchen gleich dem π-fachen Drehimpuls zum Bahnmittelpunkt ist, so gelangen wir zu der folgenden, einfachen Verallgemeinerung der in § 3 und weiter oben im vorliegenden Paragraphen erwähnten Hypothese.

„*In jedem aus positiven Kernen und Elektronen bestehenden molekularen System, bei dem sich die Kerne relativ zueinander in Ruhe befinden und die Elektronen auf Kreisbahnen umlaufen, ist der Drehimpuls jedes Elektrons, bezogen auf das Zentrum, seiner Umlaufbahn im Grundzustand des Systems gleich $h/2\pi$, wobei h die Plancksche Konstante ist.*"[1])

[1]) Bei den zu dieser Hypothese führenden Betrachtungen haben wir vorausgesetzt, daß die Geschwindigkeit der Elektronen klein gegen die Lichtgeschwindigkeit ist. Der Gültigkeitsbereich dieser Voraussetzung wird in Teil II erörtert werden.

Analog zu den soeben gegebenen Betrachtungen müssen wir annehmen, daß eine Konfiguration, die diese Bedingung erfüllt, stabil ist, falls die Gesamtenergie des Systems kleiner ist als in irgendeiner benachbarten Konfiguration, die die gleiche Bedingung für den Drehimpuls der Elektronen erfüllt.

Wie in der Einleitung erwähnt wurde, wird die obige Hypothese im folgenden als Grundlage für eine Theorie der Struktur von Atomen und Molekülen dienen. Es wird gezeigt werden, daß sie zu Resultaten führt, die mit den Experimenten über eine ganze Reihe verschiedener Erscheinungen übereinzustimmen scheinen.

Die Begründung der Hypothese wurde ausschließlich in ihrem Verhältnis zur PLANCKschen Strahlungstheorie gesucht; mit Hilfe späterer Betrachtungen soll von einem anderen Standpunkt aus versucht werden, etwas mehr Licht auf ihre Begründung zu werfen.

Literatur

[1] E. RUTHERFORD, Philos. Mag. **21** (1911) 669 (in dtsch. Übers. nachgedruckt als Arbeit 4 in diesem Band).

[2] H. GEIGER, E. MARSDEN, Philos. Mag. **25** (1913) 604.

[3] J. J. THOMSON, Philos. Mag. **7** (1904) 237.

[4] Siehe z. B. Théorie du rayonnement et les quanta, in: Proceedings of the First Solvay Congress 1911. Paris 1912.

[5] Siehe z. B. M. PLANCK, Ann. Phys. **31** (1910) 758; **37** (1912) 642; Verh. Dtsch. phys. Ges. Berlin **13** (1911) 138.

[6] A. EINSTEIN, Ann. Phys. **17** (1905) 132 (nachgedruckt als Arbeit 1 in diesem Band); **20** (1906) 199; **22** (1907) 180.

[7] A. E. HAAS, Jahrb. Rad. El. **7** (1910) 261; s. auch A. SCHIDLOF, Ann. Phys. **35** (1911) 90; E. WERTHEIMER, Phys. Z. **12** (1911) 409; Verh. Dtsch. phys. Ges. Berlin **14** (1912) 431; F. A. LINDEMANN, Verh. Dtsch. phys. Ges. Berlin **13** (1911) 482 und 1107; F. HABER, Verh. Dtsch. phys. Ges. Berlin **13** (1911) 1117.

[8] J. W. NICHOLSON, Monthly Notices roy. astr. Soc. **72** (1912) 49, 139, 677, 693 und 729.

[9] N. BOHR, Philos. Mag. **25** (1913) 24.

[10] J. J. THOMSON, Philos. Mag. **24** (1912) 672.
[11] F. PASCHEN, Ann. Phys. **27** (1908) 565.
[12] E. C. PICKERING, Astrophys. J. **4** (1896) 369; **5** (1897) 92.
[13] A. FOWLER, Monthly Notices roy. astr. Soc. **73** (1912) 62.
[14] W. RITZ, Phys. Z. **9** (1908) 521.
[15] A. EINSTEIN, Ann. Phys. **17** (1905) 132 (nachgedruckt als Arbeit 3 in diesem Band).
[16] R. W. WOOD, Physical Optics. 1911, S. 513.
[17] J. J. THOMSON, Philos. Mag. **23** (1912) 456.
[18] E. RUTHERFORD, Philos. Mag. **24** (1912) 453 und 893.

6. Über die Erregung der 2536-Å-Quecksilberresonanzlinie durch Elektronenstöße*)

Von

J. Franck und G. Hertz

Bei unseren Experimenten über Stöße von Elektronen mit Molekülen eines Edelgases oder eines Metalldampfes zeigte sich, daß die Elektronen bei solchen Stößen ohne Energieverlust reflektiert werden, solange ihre kinetische Energie eine bestimmte Größe nicht übersteigt; sobald ihre Energie gleich dem kritischen Wert wird, verlieren die Elektronen ihre kinetische Energie gänzlich bei einem Stoß. Die kritische Geschwindigkeit ist eine für jedes Gas charakteristische Größe und ist in den bisher untersuchten Fällen gleich der Ionisationsenergie [1]. Dieses Ergebnis stimmt völlig mit der Quantentheorie überein, da entsprechend dieser Theorie die Schwingungen der Elektronen in einem Atom die Energie nur in bestimmten Quanten und nicht in willkürlichen Mengen aufnehmen können. Die Frage, ob tatsächlich, wie ebenfalls aus der Quantentheorie folgt, die kleinste Energiemenge, die übertragen werden kann, gleich dem Produkt aus der Planckschen Konstanten h und der Frequenz ν des die Energie aufnehmenden Elektrons ist,[1]) konnte für den Fall des Quecksilberdampfes nur mit einem bestimmten Maß von Sicherheit entschieden werden. Im Falle dieses Dampfes hatte man nicht nur mit relativ hoher Genauigkeit die kritische kinetische Energie gemessen, sondern man kennt auch sehr wahrscheinlich die Frequenz des schwingenden Elektrons, da die Woodschen Experimente [2] über die Quecksilberresonanzstrahlung bewiesen haben, daß es in jedem Queck-

*) Verh. Dtsch. phys. Ges. Berlin **16** (1914) 512 (wegen des fehlenden deutschen Originals aus dem Englischen zurückübersetzt).

[1]) Die Hypothese, daß die Ionisationsenergie gleich dem Produkt $h\nu$ ist, wurde zuerst von J. Stark aufgestellt.

silberatom ein Elektron gibt, das mit einer Frequenz entsprechend einer Wellenlänge von 2536 Å schwingen kann. Das bedeutete, daß der von uns gemessene Wert entsprechend dem kleinsten Energiequant, das übertragen werden kann, innerhalb der Genauigkeitsgrenzen mit dem Produkt $h\nu$ übereinstimmte.

Um mit Sicherheit aus unseren Experimenten zu schließen, daß die untersuchten Erscheinungen in Übereinstimmung mit der Quantentheorie stehen, können wir selbst uns jedoch nicht darauf beschränken nachzuweisen, daß die Energie nur in bestimmten Quanten übertragen wird. Vielmehr ist es noch notwendig zu beweisen, daß das gesamte übertragene Energiequant $h\nu$ an ein einziges Elektron abgegeben wird, das mit der Frequenz ν schwingen kann. Es ist das Ziel der vorliegenden Arbeit, diesen Beweis zu erbringen.

Wie wir in unserer früheren Arbeit [1] betont haben, führt die Mehrzahl der Stöße, die auf das schwingende Elektron eine Energie $h\nu$ übertragen, nicht zur Ionisierung. In den Atomen, die solche Stöße erlitten haben, gibt es also ein Elektron der Energie $h\nu$, das mit der Frequenz ν schwingt. Man könnte daher erwarten, daß solche Stöße, die nicht zur Ionisation, aber zu einem Energieverlust $h\nu$ führen, von einer Lichtemission der Frequenz ν begleitet sein sollten, d. h., daß es möglich sein sollte, die Emission von Resonanzstrahlung zu beobachten. Das bedeutet: Wenn man Elektronen in Quecksilberdampf bringt und ihnen ermöglicht, eine Geschwindigkeit entsprechend einer Spannungsdifferenz von 4,9 V zu erreichen, sollte es möglich sein, eine Lichtemission zu beobachten, die ausschließlich der Emission der 2536-Å-Quecksilberresonanzlinie entspricht. Die Experimente haben diese Erwartung voll bestätigt.

In Abb. 6.1 zeigen wir die verwendete Apparatur. Das Gefäß bestand aus Quarz; der untere Teil und die beiden Rohre am Boden waren mit Quecksilber gefüllt. Eine kreisförmige Gasflamme erhitzte die Apparatur auf etwa 150 °C. Der Platindraht D, der elektrisch aufgeheizt wurde, diente als Elektronenquelle. Das Platingitter N auf der anderen Seite war über ein Galvanometer mit der Erde verbunden, und wir legten eine Spannung an, um die Elektronen zwischen Draht und Gitter zu beschleunigen. Die Lötstellen, die nicht vermieden werden konnten, wurden so weit wie möglich von den erhitzten Teilen der Ap-

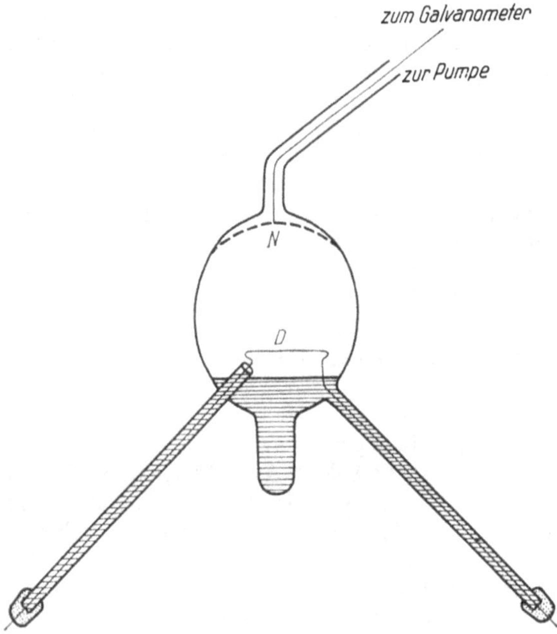

Abb. 6.1

paratur entfernt und mit Wasser gekühlt. Wir verwendeten einen Fuess-Ultraviolettspektrographen, der uns freundlicherweise von Professor GOLDSTEIN zur Verfügung gestellt wurde, um die emittierte Strahlung zu untersuchen.

Wir wissen aus unseren früheren Untersuchungen, daß bei sorgfältig gewählten Werten von Druck und Spannung nur Elektronen mit der der Spannung 4,9 V entsprechenden Geschwindigkeit auftreten, sobald die angelegte Spannung 4,9 V[1]) übersteigt, jedoch keine größeren Geschwindigkeiten vorkommen. Wir können aber nicht mit Sicherheit behaupten, daß keine Elektronen mit dieser Geschwindigkeit anwesend sind, wenn die angewandte Spannung niedriger als 4,9 V ist, da die Elektronen den Platindraht mit einer bestimmten Anfangsgeschwindigkeit verlassen, die für die verwendeten Drähte etwa 1 V entspricht. Die erhaltenen Aufnahmen zeigen nach einer Belichtung von ein oder zwei Stunden ein kontinuierliches Spektrum, das sich, hervorgerufen durch das von dem glühenden Draht emittierte Licht, bis ins Violette erstreckt, und dann, in großem Abstand davon, klar die 2536-Å-Linie; in keinem Falle gab es auch nur einem Verdacht auf eine andere Quecksilberlinie, wie sie teilweise im Quecksilberbogenspektrum mit weit größeren Intensitäten als die Resonanzlinie auftreten. Die Identifizierung der Linie erfolgt durch Vergleich mit einer für die Apparatur angefertigten Wellenlängenskala sowie durch Auflegen auf das Bogenspektrum des Quecksilbers als Vergleichsspektrum.

Abb. 6.2 zeigt eine solche Aufnahme,[2]) die aufgenommen wurde, als das auf die Elektronen wirkende Potential 8 V betrug. Sie zeigt eindeutig (wir hoffen auch in der Reproduktion) das Auftreten der 2536-Å-Resonanzlinie. Die Intensität des emittierten Lichtes hängt stark vom Dampfdruck ab, wie aus den Woodschen Ergebnissen

---

[1]) Wie die in unserer früheren Arbeit [1] diskutierten Messungen der Geschwindigkeitsverteilung der Elektronen zeigten, erfüllen ein Druck von ungefähr 1 mm Hg und ein Spannungsgradient von 2 V/cm völlig diese Bedingungen. Sobald die Elektronen eine Geschwindigkeit entsprechend 4,9 V erreicht haben, wird zweifellos einer der folgenden Stöße zu einem völligen Energieverlust führen; entlang der wenigen mittleren freien Weglängen, die die Elektronen dennoch durchfliegen können, ist das Anwachsen der Geschwindigkeit klein gegenüber der kritischen Geschwindigkeit.

[2]) Abb. 6.2 ist als Skizze des Originals wiedergegeben (D. T. H.).

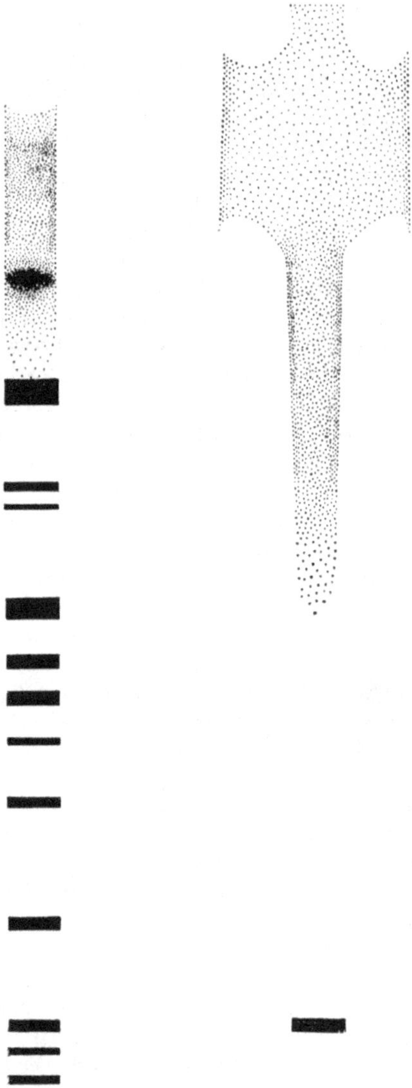

Abb. 6.2

über die Streuung und Absorption der Resonanzstrahlung in Quecksilberdampf auch verständlich ist. Die besten Ergebnisse wurden bei einer Temperatur von etwa 150°C erzielt, so daß der Druck des Quecksilberdampfes mehr als 1 mm betrug. Wir haben das Auftreten der Linie unter Veränderung der Versuchsbedingungen für verschiedene angewandte Spannungen verfolgt und sahen dabei für Potentiale unterhalb des kritischen niemals auch nur eine Spur der Linie; z. B. gibt es für 4 V unter den gleichen Bedingungen kein Anzeichen für die Linie, während sie bereits bei 6 V deutlich zu erkennen ist.

Da wir nun gesehen haben, daß das übertragene Energiequant tatsächlich genau gleich $h\nu$ ist, können wir eine genaue Messung dieses Energiequants zur Bestimmung der Konstanten h benutzen, die nicht weniger genau sein sollte als die auf Strahlungsmessungen beruhende Bestimmung dieser Konstanten. Da außer der gemessenen Potentialdifferenz, die von den Elektronen durchquert wird, nur das Elementarquant und die Wellenlänge der Resonanzstrahlung in die Berechnung eingehen, kann man auf diese Weise die Größe h mit der gleichen Genauigkeit bestimmen, mit der wir die kritische Geschwindigkeit der Elektronen messen können. Aus unseren Messungen finden wir $h = 6{,}59 \cdot 10^{-27}$ erg s mit einem möglichen Fehler von 2%, wohingegen die von verschiedenen Autoren gefundenen Werte der Strahlungskonstanten um weit mehr als 2% differieren. Wenn wir den Wert von WARBURG [3] für die Konstante c_2 des Strahlungsgesetzes verwenden, $c_2 = 1{,}437$ cm grd, und den Wert von WESTPHAL [4] für die Konstante σ im STEFANschen Gesetz, $\sigma = 5{,}57 \cdot 10^{-12}$ W cm^{-2} grd^{-4}, so erhalten wir $h = 6{,}47 \times 10^{-27}$ erg s. Verwendet man für σ den Mittelwert der letzten Messungen, $\sigma = 5{,}70 \cdot 10^{-12}$ W cm^{-2} grd^{-4}, so findet man $h = 6{,}62 \cdot 10^{-27}$ erg s. Beide Werte stimmen mit unseren innerhalb der angegebenen Grenzen überein.

Diese Ergebnisse führen zu neuen Fragen, deren Beantwortung durch weitere Experimente, die wir in gewissem Umfang gerade vorbereiten, erfolgen soll. Die interessanten Experimente von GEHRCKE und SEELIGER [5] sowie von HOLM [6] zeigen, daß die Situation für höhere Elektronengeschwindigkeiten weit weniger einfach ist. Nach GEHRCKE und SEELIGER rufen Elektronen von etwa 10 V sichtbares Licht in Quecksilberdampf hervor. Es wäre von großem Interesse, diese Untersuchungen auf den ultravioletten Bereich auszudehnen. Man sollte auch untersuchen, ob für andere Metalldämpfe und für Edelgase eine ähnliche Strahlung auftritt, deren Wellenlänge aus der Energie der Elektronen, die die Energie durch unelastische Stöße übertragen, abgeschätzt werden kann. Das Leichteste würde wahrscheinlich sein, die Alkalidämpfe zu untersuchen.

Zusammenfassung

Die Ergebnisse unserer beiden Arbeiten über die Stöße von Elektronen mit Quecksilberatomen können wie folgt zusammengefaßt werden:

1. Elektronen werden von den Quecksilberatomen ohne Energieverlust reflektiert, solange ihre kinetische Energie kleiner als $h\nu$ ist, wobei ν die der Resonanzlinie entsprechende Frequenz ist.
2. Sobald die kinetische Energie eines Elektrons den Wert $h\nu$ erreicht hat, wird dieses Energiequant bei einem der folgenden Stöße auf das vorliegende Spektrum der Frequenz ν übertragen.
3. Die übertragene Energie wird teilweise zur Ionisierung verwendet und teilweise als Lichtstrahlung der Frequenz ν emittiert.
4. Die Größe h ergibt sich aus diesen Experimenten zu $6{,}59 \cdot 10^{-27}$ erg s mit einem möglichen Fehler von 2%.

Ein Teil der verwendeten Apparatur wurde von einer Beihilfe der Solvay-Stiftung gekauft, wofür wir unseren Dank aussprechen.

Literatur

[1] J. Franck und G. Hertz, Verh. Dtsch. phys. Ges. Berlin **16** (1914) 457.
[2] R. W. Wood, Phys. Z. **13** (1912) 353.
[3] E. Warburg, G. Leithäuser, E. Hupka und C. Müller, Ann. Phys. **40** (1912) 626.
[4] W. Westphal, Verh. Dtsch. phys. Ges. Berlin **15** (1913) 897.
[5] E. Gehrcke und R. Seeliger, Verh. Dtsch. phys. Ges. Berlin **14** (1912) 339 und 1023.
[6] R. Holm, Phys. Z. **15** (1914) 289.

7. Zur Quantentheorie der Strahlung*)

Von

A. Einstein

Die formale Ähnlichkeit der Kurve der chromatischen Verteilung der Temperaturstrahlung mit Maxwellschem Geschwindigkeits-Verteilungsgesetz ist zu frappant, als daß sie lange hätte verborgen bleiben können. In der Tat wurde bereits W. Wien in der wichtigen theoretischen Arbeit, in welcher er sein Verschiebungsgesetz

$$\varrho = \nu^3 f\left(\frac{\nu}{T}\right) \tag{1}$$

ableitete, durch diese Ähnlichkeit auf eine weitergehende Bestimmung der Strahlungsformel geführt. Er fand hierbei bekanntlich die Formel

$$\varrho = \alpha \nu^3 e^{-h\nu/kT}, \tag{2}$$

welche als Grenzgesetz für große Werte von ν/T auch heute als richtig anerkannt wird (Wiensche Strahlungsformel). Heute wissen wir, daß keine Betrachtung, welche auf die klassische Mechanik und Elektrodynamik aufgebaut ist, eine brauchbare Strahlungsformel liefern kann, sondern daß die klassische Theorie notwendig auf die Rayleighsche Formel

$$\varrho = \frac{k\alpha}{h} \nu^2 T \tag{3}$$

*) Phys. Z. 18 (1917) 121. Zuerst abgedruckt in den Mitteilungen der Physikalischen Gesellschaft Zürich (1916), Nr. 18.

führt. Als dann PLANCK in seiner grundlegenden Untersuchung seine Strahlungsformel

$$\varrho = \alpha \nu^3 \frac{1}{e^{h\nu/kT} - 1} \tag{4}$$

auf die Voraussetzung von diskreten Energie-Elementen gegründet hatte, aus welcher sich in rascher Folge die Quantentheorie entwickelte, geriet jene WIENsche Überlegung, welche zur Gleichung (2) geführt hatte, naturgemäß wieder in Vergessenheit.

Vor kurzem nun [1] fand ich eine der ursprünglichen WIENschen Betrachtung[1]) verwandte, auf die Grundvoraussetzung der Quantentheorie sich stützende Ableitung der PLANCKschen Strahlungsformel, in welcher die Beziehung der MAXWELLschen Kurve zu der chromatischen Verteilungskurve zur Geltung kommt. Diese Ableitung verdient nicht nur wegen ihrer Einfachheit Beachtung, sondern besonders deshalb, weil sie über den für uns noch so dunklen Vorgang der Emission und Absorption der Strahlung durch die Materie einige Klarheit zu bringen scheint. Indem ich einige vom Standpunkte der Quantentheorie naheliegende Hypothesen über die Strahlungs-Emission und -Absorption von Molekülen zugrunde legte, zeigte ich, daß Moleküle mit im Sinne der Quantentheorie bei Temperaturgleichgewicht verteilten Zuständen, im dynamischen Gleichgewicht mit PLANCKscher Strahlung stehen; es ergab sich auf diesem Wege die PLANCKsche Formel (4) in verblüffend einfacher und allgemeiner Weise. Sie ergab sich aus der Bedingung, daß die von der Quantentheorie geforderte Zustandsverteilung der inneren Energie der Moleküle allein durch Absorption und Emission von Strahlung sich einstellen muß.

Wenn die eingeführten Hypothesen über die Wechselwirkung von Strahlung und Materie das Richtige treffen, so müssen sie aber noch mehr liefern als die richtige

[1]) In der vorliegenden Untersuchung sind die der eben zitierten Abhandlung gegebenen Überlegungen wiederholt.

statistische Verteilung der *inneren* Energie der Moleküle. Bei Absorption und Emission von Strahlung findet nämlich auch eine *Impuls*-Übertragung auf die Moleküle statt; diese führt dazu, daß sich durch die bloße Wechselwirkung von Strahlung und Molekülen eine bestimmte Geschwindigkeitsverteilung der letzteren einstellt. Diese muß offenbar dieselbe sein wie diejenige Geschwindigkeitsverteilung, welche die Moleküle bei alleiniger Wirkung gegenseitiger Zusammenstöße annahmen, d. h., sie muß mit der MAXWELLschen Verteilung übereinstimmen. Es muß gefordert werden, daß die mittlere kinetische Energie, welche ein Molekül (pro Freiheitsgrad) im PLANCKschen Strahlungsfelde von der Temperatur T annimmt, gleich $kT/2$ sei; dies muß gelten unabhängig von der Natur der betrachteten Moleküle und unabhängig von den von ihnen absorbierten und emittierten Frequenzen. In dieser Abhandlung wollen wir dartun, daß dieser weitgehenden Forderung in der Tat ganz allgemein genügt wird; dadurch erhalten unsere einfachen Hypothesen über die Elementarvorgänge der Emission und Absorption eine neue Stütze.

Damit das genannte Resultat sich ergebe, bedarf es aber einer gewissen Ergänzung der früher zugrunde gelegten Hypothesen, welche sich lediglich auf den Austausch der *Energie* bezogen. Es entsteht die Frage: Erhält das Molekül einen Stoß, wenn es die Energie absorbiert oder emittiert? Betrachten wir vom Standpunkt der klassischen Elektrodynamik beispielsweise die Ausstrahlung. Wenn ein Körper die Energie ε ausstrahlt, so erhält er den Rückstoß (Impuls) ε/c, wenn die ganze Strahlungsmenge ε nach der gleichen Richtung ausgestrahlt wird. Erfolgt aber die Ausstrahlung durch einen räumlich symmetrischen Vorgang, z. B. Kugelwellen, so kommt überhaupt kein Rückstoß zustande. Diese Alternative spielt auch bei der Quantentheorie der Strahlung eine Rolle. Nimmt ein Molekül beim Übergang von einem quantentheoretisch möglichen Zustand in einen andern die Energie ε in Form von Strahlung auf, oder gibt es hierbei die Energie in Form von Strahlung ab, so kann ein derartiger Elementarprozeß als ein teilweise oder vollständig räumlich gerichteter oder auch als ein symmetrischer (nicht gerichteter) gedacht werden. *Es zeigt sich nun, daß wir nur dann zu einer widerspruchslosen Theorie gelangen, wenn wir jene Elementarprozesse als vollständig gerichtete Vorgänge auffassen;* hierin liegt das Hauptergebnis der nachfolgenden Betrachtungen.

§ 1. Grundhypothese der Quantentheorie. Kanonische Zustandsverteilung

Nach der Quantentheorie vermag ein Molekül bestimmter Art, abgesehen von seiner Orientierung und Translationsbewegung, nur eine diskrete Reihe von Zuständen $Z_1, Z_2, \ldots, Z_n, \ldots$ anzunehmen, deren (innere) Energie $\varepsilon_1, \varepsilon_2, \ldots, \varepsilon_n, \ldots$ sei. Gehören Moleküle dieser Art einem Gas von der Temperatur T an, so ist die relative Häufigkeit W_n dieser Zustände Z_n durch die der kanonischen Zustandsverteilung der statistischen Mechanik entsprechende Formel

$$W_n = p_n e^{-\varepsilon_n/kT} \tag{5}$$

gegeben. In dieser Formel ist $k = R/N$ die bekannte BOLTZMANNsche Konstante, p_n eine für das Molekül und den n-ten Quantenzustand desselben charakteristische, von T unabhängige Zahl, die als das statistische „Gewicht" dieses Zustandes bezeichnet werden kann. Die Formel (5) kann aus dem BOLTZMANNschen Prinzip oder auf rein thermodynamischem Wege abgeleitet werden. Die Gleichung (5) ist der Ausdruck der weitgehendsten Verallgemeinerung des MAXWELLschen Verteilungsgesetzes der Geschwindigkeiten.

Die letzten prinzipiellen Fortschritte der Quantentheorie beziehen sich auf die theoretische Ermittlung der quantentheoretisch möglichen Zustände Z_n und deren Gewichte p_n. Für die vorliegende prinzipielle Untersuchung ist eine nähere Bestimmung der Quantenzustände nicht erforderlich.

§ 2. *Hypothesen über den Energieaustausch durch Strahlung*

Es seien Z_n und Z_m zwei im Sinne der Quantentheorie mögliche Zustände des Gasmoleküls, deren Energien ε_n bzw. ε_m die Ungleichung $\varepsilon_m > \varepsilon_n$ erfüllen. Das Molekül möge imstande sein, aus dem Zustande Z_n in den Zustand Z_m überzugehen unter Aufnahme der Strahlungsenergie $\varepsilon_m - \varepsilon_n$; ebenso sei ein Übergang aus dem Zustande Z_m in den Zustand Z_n unter Abgabe dieser Strahlungsenergie möglich. Die hierbei vom Molekül aufgenommene oder abgegebene Strahlung sei von der für die betrachtete Index-Kombination (m, n) charakteristischen Frequenz ν.

Über die Gesetze, welche für diesen Übergang maßgebend sind, führen wir einige Hypothesen ein, welche durch Übertragung der für einen PLANCKschen Resonator nach der klassischen Theorie bekannten Verhältnisse auf die noch unbekannten der Quantentheorie gewonnen sind.

a) *Ausstrahlung.* Ein in Schwingung befindlicher PLANCKscher Resonator strahlt nach HERTZ in bekannter Weise Energie aus, unabhängig davon, ob er durch ein äußeres Feld angeregt wird oder nicht. Dementsprechend möge ein Molekül aus dem Zustande Z_m unter Emission der Strahlungs-Energie $\varepsilon_m - \varepsilon_n$ von der Frequenz μ ohne Anregung durch äußere Ursachen in den Zustand Z_n übergehen können. Die Wahrscheinlichkeit $\mathrm{d}W$ dafür, daß dies im Zeitelement $\mathrm{d}t$ wirklich stattfinde, sei

$$\mathrm{d}W = A_m^n \,\mathrm{d}t, \tag{A}$$

wobei A_m^n eine für die betrachtete Indexkombination charakteristische Konstante bedeutet.

Das angenommene statistische Gesetz entspricht dem einer radioaktiven Reaktion, der vorausgesetzte Elementarprozeß einer derartigen Reaktion, bei welcher nur γ-Strahlen emittiert werden. Es braucht nicht angenommen zu werden, daß dieser Vorgang keine Zeit beanspruche; diese Zeit muß nur vernachlässigbar sein gegenüber den Zeiten, in denen das Molekül in den Zuständen Z_1 usw. ist.

b) *Einstrahlung*. Befindet sich ein Planckscher Resonator in einem Strahlungsfelde, so ändert sich die Energie des Resonators dadurch, daß das elektromagnetische Feld der Strahlung auf den Resonator Arbeit überträgt; diese Arbeit kann je nach den Phasen des Resonators und des oszillierenden Feldes positiv oder negativ sein. Dementsprechend führen wir die folgende quantentheoretische Hypothese ein. Unter der Wirkung der Strahlungsdichte ϱ der Frequenz ν kann ein Molekül vom Zustand Z_n in den Zustand Z_m übergehen, indem das Molekül die Strahlungsenergie $\varepsilon_m - \varepsilon_n$ aufnimmt, gemäß dem Wahrscheinlichkeitsgesetz

$$\mathrm{d}W = B_n^m \varrho \, \mathrm{d}t. \tag{B}$$

Ebenso sei ein Übergang $Z_m \rightarrow Z_n$ unter der Einwirkung der Strahlung möglich, wobei die Strahlungsenergie $\varepsilon_m - \varepsilon_n$ frei wird, gemäß dem Wahrscheinlichkeitsgesetz

$$\mathrm{d}W = B_m^n \varrho \, \mathrm{d}t. \tag{B'}$$

B_n^m und B_m^n sind Konstante. Beide Vorgänge nennen wir „Zustandsänderungen durch Einstrahlung".

Es fragt sich nun, was für ein Impuls bei diesen betrachteten Zustandsänderungen auf das Molekül übertragen wird. Beginnen wir mit den Vorgängen der Einstrahlung. Leistet ein Strahlenbündel von bestimmter Richtung Arbeit auf einen Planckschen Resonator, so wird dem Strahlenbündel die entsprechende Energie entzogen. Dieser Energieübertragung entspricht nach dem

Impulssatz auch eine Impulsübertragung vom Strahlenbündel auf den Resonator. Der letztere erleidet also eine Kraftwirkung in der Richtung des Strahles des Strahlenbündels. Ist die übertragene Energie negativ, so ist auch die Kraftwirkung auf den Resonator von entgegengesetzter Richtung. Im Falle der Quantenhypothese bedeutet dies offenbar folgendes. Findet durch Bestrahlung mit einem Strahlenbündel durch Einstrahlung der Vorgang $Z_n \to Z_m$ statt, so wird auf das Molekül der Impuls $(\varepsilon_m - \varepsilon_n)/c$ in der Fortpflanzungsrichtung des Bündels übertragen. Bei dem Einstrahlungsvorgang $Z_m \to Z_n$ hat der übertragene Impuls dieselbe Größe, aber die entgegengesetzte Richtung. Für den Fall, daß das Molekül gleichzeitig mehreren Strahlenbündeln ausgesetzt ist, setzen wir voraus, daß die ganze Energie $\varepsilon_m - \varepsilon_n$ eines Elementarprozesses *einem* dieser Strahlenbündel entnommen bzw. zugefügt wird, so daß auch in diesem Falle der Impuls $(\varepsilon_m - \varepsilon_n)/c$ auf das Molekül übertragen wird.

Bei der Energieabgabe durch Ausstrahlung wird im Falle des PLANCKschen Resonators im ganzen kein Impuls auf den Resonator übertragen, weil nach der klassischen Theorie die Ausstrahlung in einer Kugelwelle erfolgt. Es wurde aber bereits bemerkt, daß wir zu einer widerspruchsfreien Quantentheorie nur gelangen können, indem wir voraussetzen, daß auch der Prozeß der Ausstrahlung ein gerichteter Prozeß sei. Es wird dann bei jedem Elementarprozeß der Ausstrahlung $(Z_m \to Z_n)$ ein Impuls von der Größe $(\varepsilon_m - \varepsilon_n)/c$ auf das Molekül übertragen. Ist letzteres isotrop, so müssen wir alle Ausstrahlungsrichtungen als gleich wahrscheinlich annehmen. Ist das Molekül nicht isotrop, so gelangen wir zu derselben Aussage, wenn die Orientierung im Laufe der Zeit nach den Gesetzen des Zufalls wechselt. Eine derartige Voraussetzung muß übrigens auch für die statistischen Gesetze (B) und (B′) der Einstrahlung gemacht werden, da sonst die Konstanten B_n^m und B_m^n von der Richtung abhängen müßten, was wir durch diese Annahme der Isotropie oder Pseudoisotropie (durch zeitliche Mittelwert-Bildung) des Moleküls vermeiden können.

§ 3. *Ableitung des* PLANCK*schen Strahlungsgesetzes*

Wir fragen jetzt nach derjenigen wirksamen Strahlungsdichte, welche herrschen muß, damit der Energieaustausch zwischen Strahlung und Molekülen vermöge der statistischen Gesetze (A), (B) und (B′) die Zustandsverteilung der Moleküle gemäß Gleichung (5) nicht stört. Dafür ist nötig und hinreichend, daß pro Zeiteinheit durchschnittlich ebenso viele Elementarprozesse vom Typus (B) stattfinden als von den Typen (A) und (B′) zusammen. Diese Bedingung liefert vermöge (5), (A), (B), (B′) für die der Indexkombination (m, n) entsprechenden Elementarprozesse die Gleichung

$$p_n e^{-\varepsilon_n/kT} B_n^m \varrho = p_m e^{-\varepsilon_m/kT} (B_m^n \varrho + A_m^n).$$

Soll ferner ϱ mit T ins Unendliche wachsen, was wir annehmen wollen, so muß zwischen den Konstanten B_n^m und B_m^n die Beziehung

$$p_n B_n^m = p_m B_m^n \tag{6}$$

bestehen. Wir erhalten dann als Bedingung des dynamischen Gleichgewichts aus unserer Gleichung

$$\varrho = \frac{\frac{A_m^n}{B_m^n}}{e^{(\varepsilon_m - \varepsilon_n)/kT} - 1}. \tag{7}$$

Es ist dies die Abhängigkeit der Strahlungsdichte von der Temperatur gemäß dem PLANCKschen Gesetze. Aus dem WIENschen Verschiebungsgesetze (1) folgt hieraus sofort, daß

$$\frac{A_m^n}{B_m^n} = \alpha \nu^3 \tag{8}$$

und

$$\varepsilon_m - \varepsilon_n = h\nu \tag{9}$$

sein muß, wobei α und h universelle Konstanten sind. Um den numerischen Wert der Konstante α zu ermitteln, müßte man eine exakte Theorie der elektrodynamischen und mechanischen Vorgänge haben; man bleibt hier vorläufig auf die Behandlung des RAYLEIGHschen Grenzfalles hoher Temperaturen angewiesen, für welchen die klassische Theorie in der Grenze gilt.

Gleichung (9) bildet bekanntlich die zweite Hauptregel in BOHRS Theorie der Spektra, von der man nach SOMMERFELDS und EPSTEINS Vervollständigung schon behaupten darf, daß sie zum gesicherten Bestande unserer Wissenschaft gehört. Sie enthält implizite auch das photochemische Äquivalenzgesetz, wie ich gezeigt habe.

§ 4. Methode zur Berechnung der Bewegung der Moleküle im Strahlungsfelde

Wir wenden uns nun zur Untersuchung der Bewegungen, welche unsere Moleküle unter dem Einflusse der Strahlung ausführen. Wir bedienen uns dabei einer Methode, welche aus der Theorie der BROWNschen Bewegung wohl bekannt ist und von mir schon mehrfach zur rechnerischen Untersuchung von Bewegungen im Strahlungsraume benutzt wurde. Zur Vereinfachung der Rechnung führen wir die letztere lediglich für den Fall durch, daß Bewegungen nur in einer Richtung, der X-Richtung des Koordinatensystems, vorkommen. Wir begnügen uns ferner damit, den Mittelwert der kinetischen Energie der fortschreitenden Bewegung zu berechnen, verzichten also auf den Beweis dafür, daß diese Geschwindigkeiten v nach dem MAXWELLschen Gesetz verteilt sind. Die Masse M des Moleküls sei hinreichend groß, daß höhere Potenzen von v/c gegen niedrigere vernachlässigt werden; wir können dann auf das Molekül die gewöhnliche Mechanik anwenden. Wir können ferner ohne wirkliche Beschränkung der Allgemeinheit so rechnen, wie wenn die Zustände mit den Indizes m und n die einzigen wären, die das Molekül annehmen kann.

Der Impuls Mv eines Moleküls erfährt in der kurzen Zeit τ zweierlei Änderungen. Trotzdem die Strahlung nach allen Richtungen gleich beschaffen ist, wird das Molekül infolge seiner Bewegung eine von der Strahlung herrührende, der Bewegung entgegenwirkende Kraft erfahren. Diese sei gleich Rv, wobei R eine später zu berechnende Konstante bedeutet. Diese Kraft würde das Molekül zur Ruhe bringen, wenn nicht die Unregelmäßigkeit der Strahlungseinwirkungen zur Folge hätte, daß in der Zeit τ auf das Molekül ein Impuls $\varDelta$ wechselnden Vorzeichens und wechselnder Größe übertragen würde; dieser unsystematische Einfluß wird entgegen dem vorher genannten eine gewisse Bewegung des Moleküls aufrecht erhalten. Am Ende der betrachteten kurzen Zeit τ wird der Impuls des Moleküls den Wert

$$Mv - Rv\tau + \varDelta$$

besitzen. Da die Geschwindigkeitsverteilung zeitlich konstant bleiben soll, so muß die angegebene Größe ihrem mittleren absoluten Betrag nach ebenso groß sein wie die Größe Mv; die Mittelwerte der Quadrate beider Größen, erstreckt über eine lange Zeit oder über eine große Zahl Moleküle, müssen also einander gleich sein:

$$\overline{(Mv - Rv\tau + \varDelta)^2} = \overline{(Mv)^2}.$$

Da wir den systematischen Einfluß von v auf den Impuls des Moleküls besonders in Rechnung gezogen haben, werden wir den Mittelwert $\overline{v\varDelta}$ zu vernachlässigen haben. Durch Entwickeln der linken Seite der Gleichung erhält man daher

$$\overline{\varDelta^2} = 2RM\overline{v^2}\tau. \tag{10}$$

Der Mittelwert $\overline{v^2}$, welchen die Strahlung von der Temperatur T bei unseren Molekülen durch ihre Wechselwirkung mit ihnen erzeugt, muß ebenso groß sein, wie derjenige Mittelwert $\overline{v^2}$, welcher dem Gasmolekül nach den Gasgesetzen bei der Temperatur T nach der kinetischen Gastheorie zukommt. Denn die Anwesenheit unserer Moleküle würde sonst das thermische Gleichgewicht zwischen Temperaturstrahlung und einem beliebigen Gase derselben Temperatur stören. Es muß also sein

$$\frac{\overline{M v^2}}{2} = \frac{k T}{2}. \tag{11}$$

Gleichung (10) geht also über in

$$\frac{\overline{\Delta^2}}{\tau} = 2 R k T. \tag{12}$$

Die Untersuchung wird nun wie folgt weiterzuführen sein. Bei gegebener Strahlung $\left(\varrho(\nu)\right)$ werden $\overline{\Delta^2}$ und R durch unsere Hypothesen über die Wechselwirkung zwischen Strahlung und Molekülen berechenbar sein. Setzt man die Resultate in (12) ein, so muß diese Gleichung identisch erfüllt sein, wenn ϱ in Funktion von ν und T ausgedrückt wird vermöge der PLANCKschen Gleichung (4).

§ 5. Berechnung von R

Ein Molekül der betrachteten Art sei längs der X-Achse des Koordinatensystems K mit der Geschwindigkeit v gleichförmig bewegt. Wir fragen nach dem im Mittel von der Strahlung auf das Molekül pro Zeiteinheit übertragenen Impuls. Um diesen berechnen zu können, müssen wir die Strahlung von einem Koordinatensystem K' aus beurteilen, welches relativ zum betrachteten Molekül ruht. Denn unsere Hypothesen über

Emission und Absorption haben wir nun für ruhende Moleküle formuliert. Die Transformation auf das System K' ist in der Literatur mehrfach durchgeführt, besonders genau in MOSENGEILS Berliner Dissertation. Ich will jedoch die einfachen Überlegungen der Vollständigkeit halber hier wiederholen.

Bezüglich K ist die Strahlung isotrop, d. h. die einem bestimmten infinitesimalen Körperwinkel $d\varkappa$ bezüglich ihrer Strahlrichtung zugeordnete Strahlung vom Frequenzbereich $d\nu$ pro Volumeneinheit ist

$$\varrho \, d\nu \, \frac{d\varkappa}{4\pi}, \tag{13}$$

wobei ϱ nur von der Frequenz ν, nicht aber von der Richtung abhängig ist. Dieser hervorgehobenen Strahlung entspricht in bezug auf das Koordinatensystem K' eine hervorgehobene Strahlung, welche ebenfalls durch einen Frequenzbereich $d\nu'$ und durch einen gewissen Körperwinkel $d\varkappa'$ charakterisiert ist. Die Volumdichte dieser hervorgehobenen Strahlung ist

$$\varrho'(\nu', \varphi') \, d\nu' \frac{d\varkappa'}{4\pi}. \tag{13'}$$

Hierdurch ist ϱ' definiert. Es ist von der Richtung abhängig, welch letztere in geläufiger Weise durch den Winkel φ' mit der X'-Achse und dem Winkel ψ' der Y'–Z'-Projektion mit der Y'-Achse definiert sei. Diesen Winkeln entsprechen die Winkel φ und ψ, welche in analoger Weise die Richtung von $d\varkappa$ in bezug auf K festlegen.

Zunächst ist klar, daß zwischen (13) und (13') dasselbe Transformationsgesetz gelten muß wie für die Amplitudenquadrate A^2 und A'^2 einer ebenen Welle von entsprechender Richtung. Deshalb ist in der von uns gewünschten Näherung

$$\frac{\varrho'(\nu', \varphi') \, d\nu' \, d\varkappa'}{\varrho(\nu) \, d\nu \, d\varkappa} = 1 - 2 \frac{v}{c} \cos\varphi \tag{14}$$

oder

$$\varrho'(\nu', \varphi') = \varrho(\nu) \frac{d\nu}{d\nu'} \frac{d\varkappa}{d\varkappa'} \left(1 - 2\frac{v}{c}\cos\varphi\right). \qquad (14')$$

Die Relativitätstheorie ergibt ferner die mit der gewünschten Näherung gültigen Formeln

$$\nu' = \nu\left(1 - \frac{v}{c}\cos\varphi\right), \qquad (15)$$

$$\cos\varphi' = \cos\varphi - \frac{v}{c} + \frac{v}{c}\cos^2\varphi, \qquad (16)$$

$$\psi' = \psi. \qquad (17)$$

Aus (15) folgt mit entsprechender Näherung

$$\nu = \nu'\left(1 + \frac{v}{c}\cos\varphi'\right).$$

Also ist, ebenfalls in der gewünschten Näherung,

$$\varrho(\nu) = \varrho\left(\nu' + \frac{v}{c}\nu'\cos\varphi'\right)$$

oder

$$\varrho(\nu) = \varrho(\nu') + \frac{\partial\varrho(\nu')}{\partial\nu}\frac{v}{c}\nu'\cos\varphi'. \qquad (18)$$

Ferner ist gemäß (15), (16) und (17)

$$\frac{d\nu}{d\nu'} = 1 + \frac{v}{c}\cos\varphi',$$

$$\frac{d\varkappa}{d\varkappa'} = \frac{\sin\varphi\, d\varphi\, d\psi}{\sin\varphi'\, d\varphi'\, d\psi'} = \frac{d(\cos\varphi)}{d(\cos\varphi')} = 1 - 2\frac{v}{c}\cos\varphi'.$$

Vermöge dieser beiden Relationen und (18) geht (14') über in

$$\varrho'(\nu', \varphi') = \left[(\varrho)_\nu + \frac{v}{c}\nu' \cos\varphi' \left(\frac{\partial \varrho}{\partial \nu}\right)_\nu\right]\left(1 - 3\frac{v}{c}\cos\varphi'\right). \tag{19}$$

Mit Hilfe von (19) und unserer Hypothese über die Ausstrahlung und Einstrahlung des Moleküls können wir leicht den pro Zeiteinheit im Mittel auf das Molekül übertragenen Impuls berechnen. Bevor wir dies tun, müssen wir aber noch etwas sagen zur Rechtfertigung des eingeschlagenen Weges. Man kann einwenden, daß die Gleichungen (14), (15), (16) auf die mit der Quantentheorie nicht vereinbare MAXWELLsche Theorie des elektromagnetischen Feldes gegründet seien. Dieser Einwand trifft jedoch mehr die Form als das Wesen der Sache. Denn wie die Theorie der elektromagnetischen Vorgänge sich auch gestalten mag, so wird doch jedenfalls das DOPPLERsche Prinzip und das Gesetz der Aberration erhalten bleiben, damit also auch die Gleichung (15) und (16). Ferner geht die Gültigkeit der energetischen Beziehung (14) sicher über die der Undulationstheorie hinaus; dies Transformationsgesetz gilt nach der Relativitätstheorie z. B auch für die Energiedichte einer mit (Quasi-) Lichtgeschwindigkeit bewegten Masse von unendlich kleiner Ruhedichte. Die Gleichung (19) kann daher für jede Theorie der Strahlung Gültigkeit beanspruchen.

Die zum räumlichen Winkel $d\varkappa'$ gehörige Strahlung würde gemäß (B) pro Sekunde zu

$$B_n^m \varrho'(\nu', \varphi') \frac{d\varkappa'}{4\pi}$$

Elementarprozessen der Einstrahlung von Typus $Z_n \rightarrow Z_m$ Veranlassung geben, wenn das Molekül nach jedem solchen Elementarprozeß sofort wieder in den Zustand

Z_n zurückgebracht würde. In Wirklichkeit ist aber die Zeit des Verweilens im Zustande Z_n pro Sekunde gemäß (5) gleich

$$\frac{1}{S}\, p_n\, e^{-\varepsilon_n/kT},$$

wobei zur Abkürzung

$$S = p_n e^{-\varepsilon_n/kT} + p_m e^{-\varepsilon_m/kT} \tag{20}$$

gesetzt ist. Die Zahl dieser Prozesse pro Sekunde beträgt also in Wahrheit

$$\frac{1}{S}\, p_n\, e^{-\varepsilon_n/kT} B_n^m\, \varrho'(\nu', \varphi')\, \frac{d\varkappa'}{4\pi}.$$

Bei jedem derartigen Elementarprozeß wird in Richtung der positiven X'-Achse der Impuls

$$\frac{\varepsilon_m - \varepsilon_n}{c} \cos \varphi'$$

auf das Atom übertragen. Auf analogem Wege fanden wir, gestützt auf (B), daß die entsprechende Zahl der Elementarprozesse der Einstrahlung vom Typus $Z_m \rightarrow Z_n$ pro Sekunde

$$\frac{1}{S}\, p_m e^{-\varepsilon_m/kT}\, B_m^n\, \varrho'(\nu', \varphi') \frac{d\varkappa'}{4\pi}$$

ist, und es wird bei jedem solchen Elementarprozeß der Impuls

$$-\frac{\varepsilon_m - \varepsilon_n}{c} \cos \varphi'$$

auf das Molekül übertragen. Der im ganzen pro Zeiteinheit durch Einstrahlung pro Zeiteinheit auf das Molekül übertragene Impuls ist daher mit Rücksicht auf (6) und (9)

$$\frac{h\nu'}{cS}\, p_n\, B_n^m\, (e^{-\varepsilon_n/kT} - e^{-\varepsilon_m/kT}) \int \varrho'(\nu', \varphi') \cos\varphi \frac{d\varkappa'}{4\pi},$$

wobei die Integration über alle räumlichen Elementarwinkel zu erstrecken ist. Durch Ausführung der letzteren ergibt sich vermöge (19) der Wert

$$-\frac{h\nu}{c^2 S}\left(\varrho - \frac{1}{3}\nu\frac{\partial\varrho}{\partial\nu}\right) p_n\, B_n^m\, (e^{-\varepsilon_n/kT} - e^{-\varepsilon_m/kT})\, v.$$

Dabei ist die wirksame Frequenz wieder mit ν (statt ν') bezeichnet.

Dieser Ausdruck stellt aber den ganzen pro Zeiteinheit im Mittel auf ein mit der Geschwindigkeit v bewegtes Molekül übertragenen Impuls dar. Denn es ist klar, daß die ohne Einwirkung der Strahlung stattfindenden Elementarprozesse der Ausstrahlung, vom System K' aus betrachtet, keine Vorzugsrichtung besitzen, also im Mittel auch keinen Impuls auf das Molekül übertragen können. Wir erhalten daher als Endergebnis unserer Betrachtung:

$$R = \frac{h\nu}{c^2 S}\left(\varrho - \frac{1}{3}\nu\frac{\partial\varrho}{\partial\nu}\right) p_n B_n^m\, e^{-\varepsilon_n/kT}\, (1 - e^{-h\nu/kT}). \quad (21)$$

§ 6. Berechnung von $\overline{\Delta^2}$

Viel einfacher ist es, die Wirkung der Unregelmäßigkeit der Elementarprozesse auf das mechanische Verhalten des Moleküls zu berechnen. Denn man kann dieser Rechnung ein ruhendes Molekül zugrunde legen bei dem Grade der Näherung, mit dem wir uns von Anfang an begnügt haben.

Es verursache irgendein Ereignis, daß auf ein Molekül ein Impuls λ in der X-Richtung übertragen werde. Dieser Impuls sei in verschiedenen Fällen von verschiedenen

Vorzeichen und verschiedener Größe. Es gelte jedoch für λ ein solches statistisches Gesetz, daß der Mittelwert $\bar{\lambda}$ verschwindet. Seien nun $\lambda_1, \lambda_2, \ldots$ die Impulswerte, welche mehrere voneinander unabhängig wirkende Ursachen auf das Molekül in der X-Richtung übertragen, so daß der im ganzen übertragene Impuls Δ gegeben sei durch

$$\Delta = \sum \lambda_v.$$

Dann ist, wenn für die einzelnen λ_v die Mittelwerte $\overline{\lambda_v}$ verschwinden:

$$\overline{\Delta^2} = \sum \overline{\lambda_v^2}. \tag{22}$$

Sind die Mittelwerte $\overline{\lambda_v^2}$ der einzelnen Impulse einander gleich $(= \overline{\lambda^2})$, und ist l die gesamte Zahl der die Impulse liefernden Ereignisse, so gilt die Beziehung

$$\overline{\Delta^2} = l\overline{\lambda^2}. \tag{22a}$$

Nach unseren Hypothesen wird nun bei jedem Prozeß der Einstrahlung und der Ausstrahlung auf das Molekül der Impuls

$$\lambda = \frac{h\nu}{c} \cos \varphi$$

übertragen. Dabei bedeutet φ den Winkel zwischen der X-Achse und einer nach den Gesetzen des Zufalls gewählten Richtung. Daher ergibt sich

$$\overline{\lambda^2} = \frac{1}{3}\left(\frac{h\nu}{c}\right)^2. \tag{23}$$

Da wir annehmen, daß alle stattfindenden Elementarvorgänge als voneinander unabhängige Ereignisse aufzufassen sind, so dürfen wir (22a) anwenden. l ist dann die Zahl der im ganzen in der Zeit τ stattfindenden Elementarvorgänge. Diese ist doppelt so groß als die Zahl der

Einstrahlungsvorgänge $Z_n \to Z_m$ in der Zeit τ. Es ist also

$$l = \frac{2}{S} p_n B_n^m e^{-\varepsilon_n/kT} \varrho \tau. \tag{24}$$

Es ergibt sich aus (23), (24) und (22)

$$\frac{\overline{\Delta^2}}{\tau} = \frac{2}{3S} \left(\frac{h\nu}{c}\right)^2 p_n B_n^m e^{-\varepsilon_n/kT} \varrho. \tag{25}$$

§ 7. Ergebnis

Um nun zu zeigen, daß die nach unseren Grundhypothesen von der Strahlung auf die Moleküle ausgeübten Impulse das thermodynamische Gleichgewicht niemals stören, brauchen wir nur die in (25) und (21) für $\overline{\Delta^2}/\tau$ und R berechneten Werte einzusetzen, nachdem in (21) die Größe

$$\left(\varrho - \frac{1}{3} \nu \frac{\partial \varrho}{\partial \nu}\right) (1 - e^{-h\nu/kT})$$

gemäß (4) durch $\varrho h\nu/3kT$ ersetzt ist. Es zeigt sich dann sofort, daß unsere Fundamentalgleichung (12) identisch erfüllt ist.

Die nunmehr beendeten Überlegungen liefern eine starke Stütze für die in § 2 angegebenen Hypothesen über die Wechselwirkung zwischen Materie und Strahlung durch Prozesse der Absorption und Emission, bzw. durch Einstrahlung und Ausstrahlung. Zu diesen Hypothesen wurde ich durch das Bestreben geführt, in möglichst einfacher Weise ein quantentheoretisches Verhalten der Moleküle zu postulieren, das dem eines PLANCKschen Resonators der klassischen Theorie analog sei. Es ergab sich zwanglos aus der allgemeinen Quantenannahme für die Materie die zweite BOHRsche Regel (Gleichung 9), sowie die PLANCKsche Strahlungsformel.

Am wichtigsten erscheint mit aber das Ergebnis bezüglich der bei Einstrahlung und Ausstrahlung auf das Molekül übertragenen Impulse. Wenn eine unserer Annahmen über letztere abgeändert würde, so würde eine Verletzung der Gleichung (12) die Folge sein; es erscheint kaum möglich, anders als auf Grund unserer Annahmen mit dieser durch die Wärmetheorie geforderten Beziehung im Einklang zu bleiben. Wir können daher folgendes als ziemlich sicher erwiesen betrachten.

Bewirkt ein Strahlenbündel, daß ein von ihm getroffenes Molekül die Energiemenge $h\nu$ in Form von Strahlung durch einen Elementarprozeß aufnimmt oder abgibt (Einstrahlung), so wird stets der Impuls $h\nu/c$ auf das Molekül übertragen, und zwar bei Energieaufnahme in der Fortpflanzungsrichtung des Bündels, bei Energieabgabe in der entgegengesetzten Richtung. Befindet sich das Molekül unter der Wirkung mehrerer gerichteter Strahlenbündel, so ist immer nur eines derselben an einem Elementarvorgang der Einstrahlung beteiligt; dieses Bündel allein bestimmt dann die Richtung des auf das Molekül übertragenen Impulses.

Erleidet das Molekül ohne äußere Anregung einen Energieverlust von der Größe $h\nu$, indem es diese Energie in Form von Strahlung abgibt (Ausstrahlung), so ist auch dieser Prozeß ein *gerichteter*. Ausstrahlung in Kugelwellen gibt es nicht. Das Molekül erleidet in einer beim jetzigen Stande der Theorie nur durch den „Zufall" bestimmten Richtung bei dem Elementarprozeß der Ausstrahlung einen Rückstoß von der Größe $h\nu/c$.

Diese durch die Gleichung (12) geforderten Eigenschaften der Elementarprozesse lassen die Aufstellung einer eigentlich quantenhaften Theorie der Strahlung fast unvermeidlich erscheinen. Die Schwäche der Theorie liegt einerseits darin, daß sie uns dem Anschluß an die Undulationstheorie nicht näher bringt, andererseits darin, daß sie Zeit und Richtung der Elementarprozesse dem „Zufall" überläßt; trotzdem lege ich das volle Vertrauen in die Zuverlässigkeit des eingeschlagenen Weges.

Noch eine allgemeine Bemerkung soll hier Platz finden. Fast alle Theorien der Temperaturstrahlung beruhen auf der Betrachtung der Wechselwirkungen zwischen Strahlung und Molekülen. Aber im allgemeinen begnügt man sich mit der Betrachtung des *Energie*-Austausches, ohne den *Impuls*-Austausch zu berücksichtigen. Man fühlt sich dazu leicht berechtigt, weil die Kleinheit der durch die Strahlung übertragenen Impulse es mit sich bringt, daß letztere gegenüber anderen bewegungserzeugenden Ursachen in der Wirklichkeit fast stets zurücktreten. Aber für die *theoretische* Betrachtung sind jene kleinen Wirkungen neben den ins Auge fallenden der *Energie*-Übertragung durch Strahlung als durchaus gleichwertig anzusehen, indem Energie und Impulse aufs engste miteinander verknüpft sind; es kann deshalb eine Theorie erst dann als berechtigt angesehen werden, wenn gezeigt ist, daß die nach ihr von der Strahlung auf die Materie übertragenen Impulse zu solchen Bewegungen führen, wie sie die Wärmetheorie verlangt.

(Eingegangen 3. März 1917.)

Literatur

[1] A. EINSTEIN, Verh. Dtsch. phys. Ges. Berlin **18** (1916) 318.
[2] K. VON MOSENGEIL, Ann. Phys. **22** (1907) 867.

8. Über den Zusammenhang des Abschlusses der Elektronengruppen im Atom mit der Komplexstruktur der Spektren*)

Von

W. PAULI

Es wird, namentlich im Hinblick auf den MILLIKAN-LANDÉschen Befund der Darstellbarkeit der Alkalidubletts durch relativistische Formeln und auf Grund von in einer früheren Arbeit erhaltenen Resultaten, die Auffassung vorgeschlagen, daß in diesen Dubletts und ihrem anomalen ZEEMAN-Effekt eine klassisch nicht beschreibbare Zweideutigkeit der quantentheoretischen Eigenschaften des Leuchtelektrons zum Ausdruck kommt, ohne daß hierbei die abgeschlossene Edelgaskonfiguration des Atomrestes in Form eines Rumpfimpulses oder als Sitz der magnetomechanischen Anomalie des Atoms beteiligt ist. Sodann wird versucht, diesen als provisorische Arbeitshypothese eingenommenen Standpunkt trotz ihm entgegenstehender prinzipieller Schwierigkeiten auch bei anderen Atomen als den Alkalien in seinen Konsequenzen möglichst weit zu verfolgen. Dabei zeigt sich zunächst, daß er es im Gegensatz zur üblichen Auffassung ermöglicht, im Falle eines starken äußeren Magnetfeldes, wo von den Kopplungskräften zwischen Atomrest und Leuchtelektron abgesehen werden kann, diesen beiden Teilsystemen hinsichtlich der Anzahl ihrer stationären Zustände sowie der Werte ihrer Quantenzahlen und ihrer magnetischen Energie keine anderen Eigenschaften zuzuschreiben als dem freien Atomrest bzw. dem Leuchtelektron bei den Alkalien. Auf Grund dieses Ergebnisses gelangt man ferner zu einer allgemeinen Klassifikation jedes Elektrons im Atom durch die Hauptquantenzahl n und *zwei* Nebenquantenzahlen k_1 und k_2, zu denen bei Anwesenheit eines äußeren Feldes noch eine weitere Quantenzahl m_1 hinzutritt. In Anknüpfung an eine neuere Arbeit von E. C. STONER führt diese Klassifikation zu einer allgemeinen quantentheoretischen Formulierung des Abschlusses der Elektronengruppen im Atom.

§ 1. *Die Permanenz der Quantenzahlen (Aufbauprinzip) bei Komplexstruktur und* ZEEMAN-*Effekt*

In einer früheren Arbeit [1][1]) wurde hervorgehoben, daß die übliche Vorstellung, nach der die inneren abgeschlossenen Elektronenschalen im Atom in Form von Rumpfimpulsen und als eigentlicher Sitz der magneto-

*) Z. Phys. **31** (1925) 765.

[1]) Am Schlusse dieser Arbeit ist auf die vorliegende Note Bezug genommen.

mechanischen Anomalie an der Komplexstruktur der optischen Spektren und ihrem anomalen ZEEMAN-Effekt wesentlich beteiligt sein sollen, zu verschiedenen ernstlichen Schwierigkeiten Anlaß gibt. Hierdurch wird es nahe gelegt, dieser Vorstellung die andere gegenüber zu stellen, daß insbesondere die Dublettstruktur der Alkalispektren sowie ihr anomaler ZEEMAN-Effekt in einer klassisch nicht beschreibbaren Zweideutigkeit der quantentheoretischen Eigenschaften des Leuchtelektrons seine Ursache hat. Diese Auffassung stützt sich überdies besonders auf den Befund von MILLIKAN und LANDÉ, daß die optischen Dubletts der Alkalien den Relativitätsdubletts in den Röntgenspektren analog sind und ihre Größe durch eine relativistische Formel bestimmt ist.

Indem wir nun diesen Standpunkt weiter verfolgen, werden wir ebenso wie es bei den Röntgenspektren von BOHR und COSTER durchgeführt wurde, in den zur Emission der Alkalispektren gehörigen stationären Zuständen dem Leuchtelektron neben der Hauptquantenzahl n zwei Nebenquantenzahlen k_1 und k_2 zuordnen. Die erste (gewöhnlich schlechtweg mit k bezeichnete) Quantenzahl k_1 hat die Werte 1, 2, 3, ... bei den s, p, d, ... Termen und ändert sich bei erlaubten Übergangsprozessen um eine Einheit; sie bestimmt die Größe der Zentralkraftwechselwirkung des Leuchtelektrons mit dem Atomrest. Die zweite Quantenzahl k_2 ist bei den beiden Termen eines Dubletts (z. B. p_1 und p_2) gleich $k_1 - 1$ und k_1; bei den Übergangsprozessen ändert sie sich um ± 1 oder 0 und bestimmt die Größe der (nach LANDÉ mit Rücksicht auf das Eindringen des Leuchtelektrons in das Gebiet des Atomrestes modifizierten) Relativitätskorrektion. Definieren wir mit SOMMERFELD die Gesamtimpuls-Quantenzahl j des Atoms allgemein als den zum betrachteten stationären Zustand gehörigen Maximalwert der die Impulskomponente parallel zu einem äußeren Felde bestimmenden Quantenzahl m_1 (gewöhnlich schlechtweg mit m bezeichnet), so ist bei den Alkalien zu setzen $j = k_2 - {}^1/_2$. Die Anzahl der stationären Zustände im

Magnetfeld bei gegebenem k_1 und k_2 ist $2j + 1 + 2k_2$, die Anzahl dieser Zustände für beide Dubletterme mit gegebenem k_1 zusammengenommen gleich $2(2k_1 - 1)$.

Wenn wir nun den Fall starker Felder (Paschen-Back-Effekt) betrachten, so können wir neben k_1 und der eben genannten Quantenzahl m_1, statt k_2 auch eine magnetische Quantenzahl m_2 einführen, die direkt die Energie des Atoms im Magnetfeld, das ist die Komponente des magnetischen Moments des Leuchtelektrons parallel dem Felde, angibt. Den beiden Termen des Dubletts entsprechend, hat sie die Werte $m_1 + {}^1/_2$ und $m_1 - {}^1/_2$. Ebenso wie in der Dublettstruktur der Alkalispektren die „Anomalie der Relativitätskorrektion" zum Ausdruck kommt (für deren Größe ist eine andere Quantenzahl maßgebend wie für die Größe der Zentralkraft-Wechselwirkungsenergie von Leuchtelektron und Atomrest), tritt in den Abweichungen des Zeeman-Typus vom normalen Lorentzschen Triplett die zur eben genannten Anomalie analoge „magnetomechanische Anomalie" in Erscheinung (für die Größe des magnetischen Momentes des Leuchtelektrons ist eine andere Quantenzahl maßgebend wie für die des Impulsmomentes). Offenbar hängt das Auftreten von halben (effektiven) Quantenzahlen und der durch dasselbe formal bedingte Wert $g = 2$ des Aufspaltungsfaktors beim s-Term der Alkalien aufs engste mit der Zweifachheit der Termniveaus zusammen. Wir wollen hier jedoch keine nähere theoretische Analyse dieses Sachverhaltes versuchen und den folgenden Betrachtungen den Zeeman-Effekt der Alkalien als Erfahrungstatsache zugrunde legen.

Ohne uns zunächst um die sogleich näher zu erörternden, der in Rede stehenden Auffassungen entgegenstehenden Schwierigkeiten zu kümmern, versuchen wir nun, diese formale Klassifikation des Leuchtelektrons durch die vier Quantenzahlen n, k_1, k_2, m_1 auch auf kompliziertere Atome als die der Alkalien zu übertragen. *Da zeigt es sich, daß wir auf Grund dieser Klassifikation im Gegensatz zur üblichen Auffassung an der Permanenz der*

Quantenzahlen (Aufbauprinzip) auch bei der Komplexstruktur der Spektren und dem anomalen ZEEMAN-*Effekt vollständig festhalten können.* Dieses von BOHR aufgestellte Prinzip besagt, daß bei Anlagerung eines weiteren Elektrons an ein (im ganzen möglicherweise geladenes) Atom die Quantenzahlen der schon gebundenen Elektronen dieselben Werte behalten, die ihnen im zugehörigen stationären Zustand des freien Atomrestes zukommen.

Betrachten wir vorerst speziell die Erdalkalien. Das Spektrum besteht hier aus einem Einfach- und einem Triplettsystem. Den Quantenzuständen mit einem bestimmten Werte der Quantenzahl k_1 des Leuchtelektrons entsprechen dabei beim ersteren System insgesamt $1 \cdot (2k_1 - 1)$, beim letzteren System insgesamt $3 \cdot (2k_1 - 1)$ stationäre Zustände im äußeren Magnetfeld. Man hat dies bisher so interpretiert, daß in starken Feldern dem Leuchtelektron in jedem Falle $2k_1 - 1$ Stellungen entsprechen, während der Atomrest im ersteren Falle einer, im letzteren Falle dreier Stellungen fähig ist. Die Anzahl dieser Stellungen ist offenbar verschieden von der Anzahl 2 der Stellungen des freien Atomrestes (alkaliähnlicher s-Term) im Felde. Von BOHR wurde dieser Sachverhalt als „Zwang" bezeichnet, der nicht mit der Wirkung äußerer Kraftfelder analog ist [2]. Wir können nun aber einfach die im ganzen $4(2k_1 - 1)$ Zustände des Atoms dahin interpretieren, daß dem Atomrest nach wie vor zwei Zustände im Felde zukommen und dem Leuchtelektron wie bei den Alkalien $2(2k_1 - 1)$ Zustände.

Allgemeiner gibt nach einer von HEISENBERG und LANDÉ [3][1]) aufgestellten Verzweigungsregel ein stationärer Zustand des Atomrestes mit N Zuständen im Felde

[1]) Auf die Frage der Gültigkeitsgrenzen dieser Regel und insbesondere auf die theoretische Deutung der sogenannten gestrichenen Terme, bei deren Interpretation im Sinne der Verzweigungsregel möglicherweise eine Verschiedenheit des Atomrestes im gebundenen und im freien Zustand angenommen werden müßte, gehen wir hier nicht ein. Es wird hierbei jedenfalls die für diese Terme geltende, von der gewöhnlichen abweichende Kombinationsregel wesentlich berücksichtigt werden müssen.

bei Anlagerung eines weiteren Elektrons zu zwei Termsystemen Anlaß, denen bei einem bestimmten Werte der Quantenzahl k_1 des angelagerten Elektrons insgesamt $(N+1)(2k_1-1)$ bzw. $(N-1)(2k_1-1)$ Zustände im Felde entsprechen. Nach unserer Interpretation kommen diese $2N(2k_1-1)$ Zustände des ganzen Atoms in starken Feldern durch N Zustände des Atomrestes und $2(2k_1-1)$ Zustände des Leuchtelektrons zustande. Bei der angenommenen quantentheoretischen Klassifikation der Elektronen erscheint demnach die durch die Verzweigungsregel geforderte Termmannigfaltigkeit einfach als eine Folge des Aufbauprinzips. Nach der hier vorgeschlagenen Auffassung äußert sich ferner der Bohrsche Zwang nicht in einer Durchbrechung der Permanenz der Quantenzahlen bei der Kopplung des Serienelektrons an den Atomrest, sondern nur in der eigentümlichen Zweideutigkeit der quantentheoretischen Eigenschaften der einzelnen Elektronen in den stationären Zuständen des Atoms.

Wir können jedoch bei dieser Auffassung gemäß dem Aufbauprinzip nicht allein die Anzahl der stationären Zustände, sondern auch *die Energiewerte im Falle starker Felder* (ihre der Feldstärke proportionalen Teile) *aus denen des freien Atomrestes und des Leuchtelektrons additiv berechnen,* wobei letztere aus den Alkalispektren zu entnehmen sind. Es ist nämlich in diesem Falle sowohl die totale Komponente $\overline{m}_1$ des Impulsmoments des Atoms parallel dem Felde (in der Einheit $h/2\pi$ gemessen), als auch die Komponente $\overline{m}_2$ des magnetischen Moments des Atoms in derselben Richtung (in der Einheit des Bohrschen Magnetons gemessen) gleich der Summe der Quantenzahlen m_1 bzw. m_2 für die einzelnen Elektronen

$$\overline{m}_1 = \sum m_1, \; \overline{m}_2 = \sum m_2. \tag{1}$$

Hierin sollen die letzteren unabhängig voneinander alle Werte durchlaufen, welche zu den Werten der Impulsquantenzahlen k_1 und k_2 dieser Elektronen im betrachteten stationären Zustand des Atoms gehören.

(Dabei ist also $\overline{m}_2 o h$, mit $o =$ LARMOR-Frequenz, der zur Feldstärke proportionale Teil der Energie des Atoms.)

Betrachten wir als Beispiel die beiden s-Terme (Singulett S-Term und Triplett-s-Term) der Erdalkalien. Es genügt zunächst, die beiden Valenzelektronen allein ins Auge zu fassen, da der Beitrag der übrigen Elektronen zu den Summen in (1) im ganzen verschwindet. Für jedes dieser beiden Valenzelektronen sind in diesem Falle gemäß unserer allgemeinen Festsetzung (unabhängig vom anderen Elektron) die Werte $m_1 = {}^1/_2$, $m_2 = -1$ und $m_1 = {}^1/_2$, $m_2 = 1$ des s-Terms der Alkalien zu nehmen. Wir erhalten daher gemäß (1) folgende Werte der Quantenzahlen $\overline{m}_1$ bzw. $\overline{m}_2$ des ganzen Atoms.

$$\overline{m}_1 = -{}^1/_2 - {}^1/_2, \quad -{}^1/_2 + {}^1/_2, \quad {}^1/_2 - {}^1/_2, \quad {}^1/_2 + {}^1/_2$$

$$\overline{m}_2 = -1 - 1, \quad -1 + 1, \quad 1 - 1, \quad 1 + 1$$

oder

$\overline{m}_1$	-1	0	1
$\overline{m}_2$	-2	$0, 0$	2

(einem Term mit $j = 0$ und einem Term mit $j = 1$ in schwachen Feldern entsprechend).[1]) Um die p-, d-, ... Terme der Erdalkalien zu erhalten, muß man bei unverändertem Beitrag des ersten Valenzelektrons (S-Term) in entsprechender Weise für das zweite Elektron die m_1- und m_2-Werte der p-, d-, ... Terme der Alkalien in (1) einsetzen.

Allgemein führt die Vorschrift (1) genau auf ein kürzlich von LANDÉ [4] angegebenes Verfahren zur Berechnung der Energiewerte in starken Feldern, von dem

---

[1]) Man sieht, daß hier den beiden Fälle $m_1 = -{}^1/_2$ für das erste, $m_1 = {}^1/_2$ für das zweite Elektron einerseits, $m_1 = +{}^1/_2$ für das erste, $m_1 = -{}^1/_2$ für das zweite Elektron andererseits, zwei (in bezug auf die von der Feldstärke unabhängigen Teile der Energie) verschiedene Terme zugeordnet werden müssen. Es ist dies vielleicht eine Unvollkommenheit der hier durchgeführten Klassifikation. Es wird sich jedoch später zeigen, daß bei Äquivalenz des inneren und äußeren Valenzelektrons diese beiden Terme in der Tat identisch werden.

dieser Verfasser gezeigt hat, daß es auch in komplizierten Fällen richtige Resultate ergibt. So liefert dieses Verfahren nach LANDÉ z. B. die ZEEMAN-Terme des Neonspektrums (zunächst im Falle starker Felder), wenn man im Atomrest ein wirksames Elektron in einem p-Term (statt wie oben in einem s-Term) annimmt[1]) und das Leuchtelektron wieder die s-, p-, d-, f-, ... Terme durchlaufen läßt.

Dieses Ergebnis fordert nun dazu auf, *allgemein jedes Elektron im Atom außer durch die Hauptquantenzahl n durch die beiden Nebenquantenzahlen* k_1 *und* k_2 *zu charakterisieren*, auch bei Vorhandensein von mehreren äquivalenten Elektronen oder in abgeschlossenen Elektronengruppen. Ferner werden wir (auch in den eben genannten Fällen) ein *so starkes Magnetfeld* gedanklich zulassen, daß *wir jedem Elektron, unabhängig von den übrigen Elektronen, außer den Quantenzahlen n und* k_1, *die beiden Quantenzahlen* m_1 *und* m_2 *zuordnen können* (wobei die letztere den Anteil dieses Elektrons an der magnetischen Energie des Atoms bestimmt). Der Zusammenhang zwischen k_2 und m_2 bei gegebenem k_1 und m_1 ist dabei aus den Alkalispektren zu entnehmen.

Bevor wir diese quantentheoretische Klassifikation der Elektronen im Atom im folgenden Paragraphen auf das Problem des Abschlusses der Elektronengruppen anwenden, müssen wir noch die Schwierigkeiten, die der hier vorgeschlagenen Auffassung der Komplexstruktur und der anomalen ZEEMAN-Effekte entgegenstehen, und die Begrenzung ihrer Bedeutung genauer besprechen.

Zunächst wird diese Auffassung dem in vieler Hinsicht selbständigen, gesonderten Auftreten der verschiedenen Termsysteme (z. B. bei den Erdalkalien dem des Einfach- und des Triplettsystems), das auch in der Lage der Terme dieser Systeme und in der LANDÉschen Intervallregel zur Geltung kommt, nicht unmittelbar gerecht.

---

[1]) Der hierbei vorgenommene Ersatz der Siebenerschale (Atomrest des Neons) durch ein Elektron wird im folgenden Paragraphen theoretisch begründet werden.

Sicherlich kann man für die Energieunterschiede der Triplettniveaus bei den Erdalkalien nicht zwei verschiedene Ursachen annehmen, sowohl die Anomalie der Relativitätskorrektion des Leuchtelektrons als auch die Abhängigkeit der Wechselwirkungsenergie desselben mit dem Atomrest von der Orientierung dieser beiden Systeme gegeneinander.

Eine noch ernstere und prinzipiellere Schwierigkeit bietet jedoch die Verbindung der vorgeschlagenen Auffassung mit dem Korrespondenzprinzip dar, welches ja für die Erklärung der Auswahlregeln der Quantenzahlen k_1, j und m sowie der Polarisation der ZEEMAN-Komponenten ein unentbehrliches Hilfsmittel bildet. Zwar ist es gemäß diesem Prinzip nicht erforderlich, in einem bestimmten stationären Zustand jedem Elektron eine im Sinne der gewöhnlichen Kinematik eindeutig bestimmte Bahn zuzuordnen; wohl aber muß der Gesamtheit der stationären Zustände des Atoms eine Schar (Klasse) von Bahnen mit einem bestimmten Typus ihrer Periodizitätseigenschaften korrespondieren. So erfordern bekanntlich in unserem Falle die genannten Auswahl- und Polarisationsregeln gemäß dem Korrespondenzprinzip den Bewegungstypus einer Zentralbahn mit überlagerter Präzession der Bahnebene um eine ausgezeichnete Achse des Atoms, zu der in schwachen äußeren Magnetfeldern noch eine Präzession um eine in der Feldrichtung durch den Kern gelegte Achse hinzutritt. Die bisher angenommene dynamische Erklärung dieses Bewegungstypus des Leuchtelektrons, die auf der Annahme von Abweichungen der Kräfte des Atomrestes auf dieses Elektron von der zentralen Symmetrie beruht, scheint nicht vereinbar zu sein mit der Darstellbarkeit der Alkalidublette (und daher auch der Größe der korrespondierenden Präzessionsfrequenz) durch relativistische Formeln. Entsprechendes gilt auch für den Bewegungstypus im Falle starker Felder.

Es entsteht hier also das schwierige Problem, *wie das Auftreten des vom Korrespondenzprinzip geforderten Be-*

wegungstypus des Leuchtelektrons unabhängig von seiner bisher angenommenen, kaum aufrecht zu erhaltenden, speziellen dynamischen Deutung physikalisch interpretiert werden kann. Mit diesem Problem scheint auch die Frage nach der Größe der Termwerte des ZEEMAN-Effektes (insbesondere der Alkalispektren) aufs engste zusammenzuhängen.

Solange dieses Problem noch ungelöst ist, kann die hier vorgeschlagene Auffassung der Komplexstruktur und des anomalen ZEEMAN-Effektes sicherlich nicht als eine hinreichende physikalische Grundlage für eine Erklärung dieser Erscheinungen angesehen werden, zumal diese sogar in mancher Hinsicht von der gewöhnlich angenommenen Auffassung besser wiedergegeben werden. Es ist nicht ausgeschlossen, daß in Zukunft eine Verschmelzung dieser beiden Auffassungen gelingen wird. Beim jetzigen Stande der Frage schien es uns aber von Interesse, auch die erstere Auffassung in ihren Konsequenzen möglichst weit zu verfolgen. In diesem Sinne möge es auch aufgefaßt werden, wenn wir im folgenden Paragraphen den hier versuchsweise zugrunde gelegten Standpunkt, ungeachtet der ihm entgegenstehenden Schwierigkeiten, auf das Problem des Abschlusses der Elektronengruppen im Atom anwenden werden. Wir werden dabei nur über die Anzahl von möglichen stationären Zuständen des Atoms bei Vorhandensein von mehreren äquivalenten Elektronen, nicht aber über die Lage und Anordnung der Termwerte Schlüsse ziehen.

§ 2. Über eine allgemeine quantentheoretische Regel für die Möglichkeit des Auftretens von äquivalenten Elektronen im Atom

Es ist wohl bekannt, daß das Vorkommen von mehreren äquivalenten, das heißt in bezug auf die Werte ihrer Quantenzahlen sowie ihrer Bindungsenergien völlig gleichwertigen Elektronen im Atom nur unter besonderen Umständen möglich ist, die aufs engste mit den Gesetzmäßigkeiten der Komplexstruktur der Spektren zusammenhängen. So entspricht z. B. bei den Erdalkalien der Normalzustand, in welchem die beiden Valenzelektronen äquivalent sind, einem Singulett-S-Term, während in denjenigen stationären Zuständen des Atoms, die zum Triplettsystem gehören, die Valenzelektronen niemals äquivalent gebunden sind, indem der größte Triplett-s-Term eine um eins größere Hauptquantenzahl besitzt als der Normalzustand. Betrachten wir ferner als zweites Beispiel das Neonspektrum. Dieses besteht aus zwei Termgruppen mit verschiedenen Seriengrenzen, verschiedenen Zuständen des Atomrestes entsprechend. Die erste Gruppe, die zur Entfernung eines Elektrons mit den Quantenzahlen $k_1 = 2$, $k_2 = 1$ aus dem Atomrest gehört, kann man als aus einem Singulett- und einem Triplettsystem zusammengesetzt auffassen, während die zweite Gruppe, zur Entfernung eines Elektrons mit $k_1 = k_2 = 2$ aus dem Atomrest gehörig, als Triplett- + Quintettsystem bezeichnet werden kann. Die ultravioletten Resonanzlinien des Neons sind zwar noch nicht beobachtet, aber es kann wohl kaum ein Zweifel darüber sein, daß der Normalzustand des Ne-Atoms hinsichtlich seiner Kombinationen mit den bekannten angeregten Zuständen des Atoms als p-Term betrachtet werden muß, und zwar kann es gemäß der eindeutigen Bestimmtheit und dem diamagnetischen Verhalten der Edelgaskonfiguration nur *einen* solchen Term geben, und zwar mit dem Wert $j = 0$.[1]) Da die einzigen p-Terme mit $j = 0$ die (untersten) Tripletterme p_0 der beiden Gruppen sind, können wir also schließen, daß beim Ne für den Wert 2 der Hauptquantenzahl diese beiden Tripletterme allein existieren und für beide Termgruppen überdies identisch sind.

Allgemein können wir daher erwarten, daß *bei denjenigen Werten der Quantenzahlen n und k_1, für die bereits*

---

[1]) Es ist, wie bereits angegeben, der Wert von j hier und im folgenden stets als der Maximalwert der Quantenzahl m_1 definiert.

Elektronen im Atom vorhanden sind, gewisse Multiplettterme der Spektren ausfallen oder zusammenfallen werden. Und es entsteht die Frage, durch welche quantentheoretischen Regeln dieses Verhalten der Terme beherrscht wird.

Wie bereits aus dem Beispiel des Neonspektrums hervorgeht, ist diese Frage aufs engste mit dem Problem des Abschlusses der Elektronengruppen im Atom verknüpft, der die Längen 2, 8, 18, 32, ... der Perioden im natürlichen System der Elemente bedingt. Dieser Abschluß besteht darin, daß eine n-quantige Elektronengruppe weder durch Emission oder Absorption von Strahlung noch durch andere äußere Einwirkungen mehr als $2n^2$-Elektronen aufzunehmen befähigt ist.

Bekanntlich hat nun Bohr in seiner Theorie des Periodensystems, die eine einheitliche Zusammenfassung der spektroskopischen und chemischen Tatsachen und insbesondere eine quantentheoretische Begründung für das Auftreten von chemisch ähnlichen Elementen, wie der Eisen- und Platinmetalle und der seltenen Erden in den späteren Perioden des Systems enthält, eine Unterteilung dieser Elektronengruppen in Untergruppen eingeführt. Indem er jedes Elektron in den stationären Zuständen des Atoms in Anlehnung an die stationären Zustände einer Zentralbewegung durch ein Symbol n_k mit $k \leqq n$ charakterisiert, erhält er allgemein für eine Elektronengruppe mit dem Werte n der Hauptquantenzahl n Untergruppen. Auf diese Weise wurde Bohr zu dem in der Tabelle 1 wiedergegebenen Schema des Atombaues der Edelgase geführt. Er betonte jedoch selbst, daß die hierbei angenommene Gleichheit der Elektronenzahlen in den verschiedenen Untergruppen einer Hauptgruppe in hohem Grade hypothetisch ist und daß eine vollständige und befriedigende theoretische Deutung des Abschlusses der Elektronengruppen im Atom, insbesondere eine Deutung der Periodenlängen 2, 8, 18, 32, ... im natürlichen System vorläufig noch nicht gegeben werden konnte [5].

Neuerdings wurde nun hinsichtlich des Problems des Abschlusses der Elektronengruppen im Atom ein wesentlicher Fortschritt durch Überlegungen von E. C. STONER [6][1]) erzielt. Dieser Verfasser schlägt zunächst ein Schema für den Atombau der Edelgase vor, bei welchem im Gegensatz zu BOHR kein Öffnen einer abgeschlossenen Untergruppe durch das Hinzukommen weiterer Elektronen derselben Hauptpruppe zugelassen wird, so daß die Anzahl der Elektronen in einer abgeschlossenen Untergruppe nur vom Werte von k, nicht aber vom Werte von n, das heißt vom Vorhandensein weiterer Untergruppen derselben Hauptgruppe abhängen soll. Es bedeutet dies schon an sich eine große Vereinfachung, die überdies durch verschiedene Erfahrungstatsachen gestützt werden konnte. Man muß dann für $k = 1$ zwei, für $k = 2$ sechs, für $k = 3$ zehn und allgemein für einen bestimmten k-Wert $2(2k - 1)$ Elektronen im abgeschlossenen Zustand der betreffenden Untergruppe annehmen, um mit den empirisch bekannten Elektronenzahlen der Edelgasatome im Einklang zu bleiben.

STONER bemerkte nun weiter, daß *diese Anzahlen von Elektronen mit der Anzahl der stationären Zustände der Alkaliatome in einem äußeren Felde bei gegebenem Werte von k übereinstimmen.* Er führt daher die Analogie zu den stationären Zuständen der Alkalispektren noch weiter durch, indem er eine der Komplexstruktur dieser Spektren (und der Röntgenspektren) entsprechende weitere Unterteilung der Untergruppen in zwei durch die beiden Zahlen k_1, k_2 gekennzeichnete Teil-Untergruppen annimmt, für welche k_1 mit der BOHRschen Zahl k übereinstimmt und $k_2 = k_1 - 1$ bzw. $k_2 = k_1$ zu setzen ist (jedoch für $k_1 = 1$, gemäß der Einfachheit des s-Termes, nur $k_2 = 1$). Entsprechend der Anzahl $2k_2$ der stationären Zustände, in die ein stationärer Zustand der Alkaliatome mit bestimmten Werten der Quantenzahlen k_1

---

[1]) Auf diese wichtige Arbeit ist bereits im Vorwort der Neuauflage des SOMMERFELDschen Buches „Atombau und Spektrallinien" hingewiesen.

und k_2 im äußeren Felde zerfällt, nimmt STONER in der abgeschlossenen, zu den Quantenzahlen n, k_1, k_2 gehörenden Teil-Untergruppe $2k_2$ Elektronen an. Das Schema für den Atombau der Edelgase, zu dem STONER auf diese Weise gelangt, ist in der Tabelle 2 dargestellt.

Wir können nun diese Vorstellung von STONER präzisieren und verallgemeinern, wenn wir die im vorigen Paragraphen besprochene Auffassung der Komplexstruktur der Spektren und des anomalen ZEEMAN-Effektes auf den Fall des Vorhandenseins von äquivalenten Elektronen im Atom anwenden. Wir sind dort, auf die Möglichkeit der Aufrechterhaltung der Permanenz der Quantenzahlen gestützt, dazu gelangt, jedes Elektron im Atom außer durch die Hauptquantenzahl n durch die beiden Nebenquantenzahlen k_1 und k_2 zu charakterisieren. In starken Magnetfeldern kam noch eine Impulsquantenzahl m_1 für jedes Elektron hinzu, und es kann überdies neben k_1 und m_1 statt k_2 auch eine Quantenzahl m_2 des magnetischen Momentes verwendet werden. Zunächst sehen wir, daß die Verwendung der beiden Quantenzahlen k_1 und k_2 für jedes Elektron mit der STONERschen Unterteilung der BOHRschen Untergruppen im besten Einklang ist.[1]) Sodann können wir durch Betrachtung des Falles starker Magnetfelder das Ergebnis von STONER, wonach die Anzahl der Elektronen in einer abgeschlossenen Untergruppe mit der Anzahl der entsprechenden Terme des ZEEMAN-Effektes der Alkalispektren übereinstimmt, auf folgende allgemeinere Regel über das Vorkommen von äquivalenten Elektronen im Atom zurückführen:

Es kann niemals zwei oder mehrere äquivalente Elektronen

[1]) Daß die Unterteilung und die Frage nach der Anzahl der Elektronen in den Teil-Untergruppen auch für abgeschlossene Elektronengruppen Sinn hat, geht direkt aus dem MILLIKAN-LANDÉschen Befund über die Relativitätsdubletts der Röntgenspektren hervor. Diese Anzahlen gehen nämlich offenbar in den Ausdruck für die Energie der ganzen Gruppe als Funktion der Ordnungszahl als Faktoren der mit bestimmten Werten der Abschirmungszahlen (bestimmt durch k_1) und der Relativitätskorrektion (bestimmt durch k_2) gebildeten MOSELEY-SOMMERFELDschen Ausdrücke ein.

Tab. 1. Ursprüngliches Bohrsches Schema der Edelgaskonfi-

Element	Atom-Nr.	Anzahl der n_k-Elektronen					
		1_1	2_1	2_2	3_1	3_2	3_3
Helium	2	2	–	–	–	–	–
Neon	10	2	4	4	–	–	–
Argon	18	2	4	4	4	4	–
Krypton	36	2	4	4	6	6	6
Xenon	54	2	4	4	6	6	6
Emanation	86	2	4	4	6	6	6

Tab. 2. Schema der Edelgaskonfiguration nach Stoner

Element	Atom-Nr.	Anzahl der n_{k_1}, k_2-Elektronen					
		1_1	2_1	$2_{2,\,(1+3)}$	3_1	$3_{2,\,(2+3)}$	$3_{3,\,(2+3)}$
Helium	2	2	–	–	–	–	–
Neon	10	2	2	2 + 4	–	–	–
Argon	18	2	2	2 + 4	2	2 + 4	–
Krypton	36	2	2	2 + 4	2	2 + 4	4 + 6
Xenon	54	2	2	2 + 4	2	2 + 4	4 + 6
Emanation	86	2	2	2 + 4	2	2 + 4	4 + 6

im Atom geben, für welche in starken Feldern die Werte aller Quantenzahlen n, k_1, k_2, m_1 (oder, was dasselbe ist, n, k_1, m_1, m_2) übereinstimmen. Ist ein Elektron im Atom vorhanden, für das diese Quantenzahlen (im äußeren Felde) bestimmte Werte haben, so ist dieser Zustand „besetzt".

Es ist im Auge zu behalten, daß in diese Regel die Hauptquantenzahl n wesentlich eingeht; selbstredend können sehr wohl mehrere (nicht äquivalente) Elektronen im Atom vorkommen, deren Werte der Quantenzahlen k_1, k_2, m_1 übereinstimmen, die sich aber durch die Hauptquantenzahl n unterscheiden.

Eine nähere Begründung für diese Regel können wir nicht geben, sie scheint sich jedoch von selbst als sehr naturgemäß darzubieten. Sie bezieht sich, wie erwähnt, zunächst auf den Fall starker Felder. Aus thermo-

guration

4_1	4_2	4_3	4_4	5_1	5_3	5_3	6_1	6_2
–	–	–	–	–	–	–	–	–
–	–	–	–	–	–	–	–	–
–	–	–	–	–	–	–	–	–
4	4	–	–	–	–	–	–	–
6	6	6	–	4	4	–	–	–
8	8	8	8	6	6	6	4	4

4_1	$4_{2,(1+2)}$	$4_{3,(2+3)}$	$4_{4,(3+4)}$	5_1	$5_{2,(1+2)}$	$5_{3,(2+3)}$	6_1	$6_{2,(1+2)}$
–	–	–	–	–	–	–	–	–
–	–	–	–	–	–	–	–	–
–	–	–	–	–	–	–	–	–
2	2 + 4	–	–	–	–	–	–	–
2	2 + 4	4 + 6	–	2	2 + 4	–	–	–
2	2 + 4	4 + 6	6 + 8	2	2 + 4	4 + 6	2	2 + 4

dynamischen Gründen (Invarianz der statistischen Gewichte bei adiabatischen Transformationen des Systems)[1]) muß jedoch die Anzahl der stationären Zustände des Atoms bei gegebenen Werten der Zahlen k_1 und k_2 für die einzelnen Elektronen und des Wertes von $\overline{m}_1 = \sum m_1$ [vgl. (1)] für das ganze Atom in starken und in schwachen Feldern übereinstimmen. Daher können wir auch im letzteren Falle über die Anzahl der stationären Zustände und ihre zugehörigen Werte von j (bei vorgegebener Zahl der äquivalenten Elektronen, die zu den verschiedenen Werten von k_1 und k_2 gehören) bestimmte Aussagen machen. So kann die Anzahl der Realisierungs-

[1]) Diese Invarianz ist unabhängig von der Gültigkeit der klassischen Mechanik bei der Transformation.

möglichkeiten der verschiedenen unabgeschlossenen Elektronenschalen ermittelt und die am Beginn dieses Paragraphen aufgeworfene Frage nach dem Ausfallen oder Zusammenfallen gewisser Multipletterme in den Spektren bei Werten der Hauptquantenzahl, für die mehrere äquivalente Elektronen im Atom vorhanden sind, in jedem einzelnen Falle eindeutig beantwortet werden. Dabei können wir jedoch nur über die Anzahl der Terme und die Werte ihrer Quantenzahlen, nicht über ihre Größe und die Intervallverhältnisse etwas aussagen.[1])

Wir haben nun zu zeigen, daß die Folgerungen aus unserer Regel in den einfachsten Fällen mit der Erfahrung übereinstimmen. Ob sich diese auch in komplizierteren Fällen der Erfahrung gegenüber bewähren wird oder ob hier noch Modifikationen derselben erforderlich sein werden, bleibt abzuwarten und dürfte sich aus der weiteren Entwirrung komplizierter Spektren ergeben.

Zunächst sehen wir, daß das Resultat von STONER und damit die Periodenlängen 2, 8, 18, 32, ... im natürlichen System in unserer Regel unmittelbar enthalten sind. Denn es kann dann offenbar bei gegebenem k_1 und k_2 nicht mehr äquivalente Elektronen im Atom geben, als die Anzahl der zugehörigen Werte von m_1 beträgt (nämlich $2k_2$), und es gehört in den abgeschlossenen Gruppen zu jedem dieser Werte von m_1 gerade *ein* Elektron.

Zweitens ergibt sich, daß unsere Regel das Ausfallen des Triplett-s-Termes mit derselben Hauptquantenzahl wie der Normalzustand bei den Erdalkalien direkt zur Folge hat. Wenn wir nämlich die Möglichkeiten für die äquivalente Bindung zweier Elektronen in s-Termen untersuchen (es ist hier also $k_1 = 1$, und auch k_2 kann nur den Wert 1 haben), so sind gemäß unserer Regel in

---

[1]) *Anmerkung bei der Korrektur:* In einer inzwischen erschienenen Arbeit von A. SOMMERFELD [Phys. Z. 26 (1925) 70] wird insbesondere die Frage nach dem Normalzustand der Atome im Zusammenhang mit dem STONERschen Vorschlag diskutiert.

starken Feldern die Fälle ausgeschlossen, daß für beide Elektronen $m_1 = {}^1/_2$ oder für beide Elektronen $m_1 = -{}^1/_2$ ist; es kann hier vielmehr nur für das erste Elektron $m_1 = {}^1/_2$ und für das zweite $m_1 = -{}^1/_2$ sein oder umgekehrt,[1]) so daß die Quantenzahl $\overline{m_1} = \sum m_1$ des ganzen Atoms nur des Wertes 0 fähig ist. Es ist daher hier auch in schwachen Feldern (oder bei Abwesenheit des Feldes) nur der Wert $j = 0$ möglich (Singulett-S-Term).

Wir untersuchen nun ferner den Fall, daß aus einer abgeschlossenen Gruppe *ein* Elektron entfernt wird, wie er in den Röntgenspektren zutage tritt. Offenbar ist bei Fehlen eines Elektrons in einer der STONERschen Teil-Untergruppen stets der Fall möglich, daß zu einem der Werte von m_1 *kein* Elektron vorhanden ist; wir nennen diesen den „Lückenwert" von m_1. Die übrigen Elektronen verteilen sich dann eindeutig auf die übrigen Werte von m_1, so daß zu jedem dieser Werte ein Elektron gehört. Die Summe dieser übrigen Werte von m_1 und damit die Quantenzahl $\overline{m_1}$ des ganzen Atoms ist offenbar jeweils entgegengesetzt gleich dem Lückenwert von m_1. Lassen wir diesen alle möglichen Werte durchlaufen und berücksichtigen wir, daß aus jeder Teil-Untergruppe ein Elektron entfernt werden kann, so sehen wir, daß in starken Feldern die Mannigfaltigkeit der Lückenwerte von m_1 und daher auch die der Werte von $\overline{m_1}$ dieselbe ist wie diejenige der m_1-Werte eines einzigen Elektrons. Wegen der Invarianz der statistischen Gewichte folgt daher auch für schwache Felder die Gleichheit der Anzahl der stationären Zustände und der j-Werte der einfach ionisierten abgeschlossenen Elektronenschalen (Röntgenspektren) mit derjenigen der Alkalispektren, wie es der Erfahrung entspricht.

---

[1]) Der umgekehrte Fall entspricht einer Vertauschung der beiden äquivalenten Elektronen und liefert daher hier keinen neuen stationären Zustand (vgl. die Fußnote auf S. 234). In dieser doppelten Realisierbarkeit des betrachteten Quantenzustandes ist aber enthalten, daß sein statistisches Gewicht mit Rücksicht auf die Vertauschbarkeit der beiden Elektronen mit 2 multipliziert werden muß (vgl. hierzu die Betrachtungen über statistische Gewichte in der zitierten Arbeit von STONER).

Es ist dies ein Spezialfall eines allgemeinen *Reziprozitätsgesetzes: Zu jeder Anordnung der Elektronen gibt es eine konjugierte Anordnung, bei der die Lückenwerte von m_1 und die besetzten Werte von m_1 miteinander vertauscht sind.* Diese Vertauschung kann sich auf eine einzelne Teil-Untergruppe bei unveränderten Anordnungen der übrigen Teil-Untergruppen oder auf eine BOHRsche Untergruppe oder auf eine ganze Hauptgruppe beziehen, da ja die einzelnen Teil-Untergruppen hinsichtlich der möglichen Anordnungen voneinander ganz unabhängig sind. *Die Elektronenzahlen der beiden konjugierten Anordnungen ergänzen einander zur Anzahl der Elektronen im abgeschlossenen Zustand der betreffenden Gruppe (oder Untergruppe), während die j-Werte der beiden Anordnungen einander gleich sind.* Letzteres ergibt sich daraus, daß stets die Summe der Lückenwerte von m_1 einer Anordnung entgegengesetzt gleich ist der Summe der besetzten $\overline{m_1}$-Werte. Daher sind auch die Quantenzahlen $\overline{m_1}$ des ganzen Atoms bei konjugierten Anordnungen einander entgegengesetzt gleich. Da die j-Werte als die verschiedenen Grenzen der Mannigfaltigkeit der m_1-Werte nach oben definiert sind, folgt wegen der Symmetrie dieser Mannigfaltigkeit zum Nullwert ihre Gleichheit in den betrachteten Fällen (vgl. die weiter unten besprochenen Beispiele). Durch diesen Reziprozitätssatz werden die Verhältnisse am Ende einer Periode des natürlichen Systems in gewisser Hinsicht auf diejenigen am Beginn einer Periode zurückgeführt. Es muß aber betont werden, daß dies zunächst nur bezüglich der Anzahl der stationären Zustände der betreffenden Schalen und der Werte ihrer Quantenzahlen gilt, während wir über die Größe ihrer Energiewerte und die Intervallverhältnisse nichts aussagen können.[1])

[1]) Dagegen folgt aus der Gleichheit der Mannigfaltigkeit der m_2-Werte bei konjugierten Anordnungen, daß auch in schwachen Feldern die (über Terme mit gleichen j zu erstreckenden) „g-Summen" der zugehörigen Terme einander gleich sind.

Wir wollen nun noch als Anwendung unserer Regel auf spezielle Fälle die allmähliche Ausbildung der Achterschale (wo keine Elektronen mit $k > 2$ von der betrachteten Hauptquantenzahl im Normalzustand vorhanden sind) genauer diskutieren, was uns zugleich ein weiteres Beispiel des eben abgeleiteten Reziprozitätssatzes liefern wird. Die Bindung der ersten beiden Elektronen dieser Schale wurde bereits besprochen, und wir werden im folgenden der Einfachheit halber voraussetzen, daß aus der Untergruppe mit $k_1 = 1$ keines der beiden Elektronen entfernt wird, diese also abgeschlossen ist (vgl. das obenstehende STONERsche Schema). Es muß dann nach STONER bei den folgenden Elementen bis zum Abschluß der Achterschale (z. B. von B bis Ne) dem Normalzustand stets ein p-Term entsprechen, was mit den bisherigen Erfahrungen im Einklang ist. Insbesondere folgt das alkaliähnliche Dublettspektrum, das der Bindung des dritten Elektrons der Achterschale entspricht, mit dem bekannten Wegfallen des s-Terms von derselben Hauptquantenzahl wie der Normalzustand.

Wir können daher gleich zur Bindung des vierten Elektrons der Achterschale übergehen, wie sie z. B. in den noch nicht analysierten Bogenspektren des Kohlenstoffs und in dem teilweise bereits entwirrten Bogenspektrum des Bleis in Erscheinung tritt. Gemäß der LANDÉ-HEISENBERGschen Verzweigungsregel (vgl. den vorigen Paragraphen) sollte das zugehörige Spektrum im allgemeinen von derselben Struktur sein wie das Neonspektrum, nämlich aus einer Singulett-Triplettgruppe und einer Triplett-Quintettgruppe mit verschiedenen Seriengrenzen bestehen, die dem $2p_1$- und dem $2p_2$-Dubletterm des betreffenden Ions entsprechen.[1]) Wir

[1]) Diese theoretische Erwartung konnte bisher infolge der mangelhaften Entwirrung der betreffenden Spektren empirisch noch nicht endgültig geprüft werden. Neuerdings fand A. FOWLER [Proc. roy. Soc. **107** (1925) 31] im Stickstoffunkenspektrum (N^+) neben gestrichenen Termen (über deren Auftreten theoretisch noch nichts ausgesagt werden kann) Singulett- und Tripletterme. Ferner fand KIESS [Science **60** (1924) 249] in diesem Spektrum auch Quintett-

wollen jedoch zeigen, daß nach unserer Regel diese Spektren im Gegensatz zu der zu erwartenden analogen Struktur ihrer angeregten Zustände sich hinsichtlich der Anzahl und der j-Werte der p-Terme maximaler Hauptquantenzahl (bei C $n = 2$, bei Pb $n = 6$) wesentlich vom Ne-Spektrum unterscheiden müssen (wo außer dem Normalzustand mit dem Werte $j = 0$, wie am Beginn dieses Paragraphen erwähnt, kein weiterer p-Term mit der Hauptquantenzahl 2 existiert).

Wir haben hier drei Fälle zu unterscheiden, je nach den angenommenen Elektronenzahlen in den beiden Teil-Untergruppen mit $k_1 = 2$, $k_2 = 1$ und mit $k_1 = 2$, $k_2 = 2$, auf die wir zwei Elektronen zu verteilen haben (die ersten beiden Elektronen sollen nach Voraussetzung in s-Termen, $k_1 = k_2 = 1$ gebunden sein).

a) Zwei äquivalente n_{21}-Elektronen.

Für diese Teil-Untergruppe kann m_1, entsprechend dem p_1-Term der Alkalien, nur die zwei Werte $m_1 = \pm 1/2$ annehmen. Sie ist daher im hier angenommenen Falle abgeschlossen mit $\overline{m_1} = 0$ und $j = 0$.

b) Ein n_{21}- und ein n_{22}-Elektron.

Für die letztere Teil-Untergruppe kann entsprechend dem p_2-Term der Alkalien m_1 die vier Werte $\pm 1/2$, $\pm 3/2$ annehmen, und diese sind mit den schon angegebenen Werten $m_1 = \pm 1/2$ des ersten Elektrons beliebig kombinierbar, da sich die beiden Elektronen in verschiedenen Teil-Untergruppen befinden und daher nicht äquivalent sind.[1]) Wir erhalten daher

$$\begin{aligned}\overline{m_1} &= (-3/2, -1/2, 1/2, 3/2) + (-1/2, 1/2)\\ &= \pm(3/2 + 1/2), \pm(3/2 - 1/2), \pm(1/2 + 1/2), \pm(1/2 - 1/2)\\ &= \pm 2, \pm 1, \pm 1, 0, 0\,.\end{aligned}$$

terme. Diese Ergebnisse, die sich auf angeregte Zustände des N^+ beziehen, widersprechen der theoretischen Erwartung zum mindesten nicht.

[1]) Aus diesem Grunde müssen die Fälle $m_1 = +1/2$ für das erste, $m_1 = -1/2$ für das zweite Elektron und $m_1 = -1/2$ für das erste, $m_1 = +1/2$ für das

Man sieht daraus unmittelbar, daß sich die Terme in zwei Reihen mit $|\overline{m_1}| \leqq 2$ und mit $|\overline{m_1}| \leqq 1$ spalten. Diese entsprechen offenbar im feldlosen Falle zwei Termen:

$$\text{einem Term mit } j = 2$$

$$\text{und einem Term mit } j = 1\,.$$

c) Zwei äquivalente n_{22}-Elektronen.

Hier müssen die m_1-Werte der beiden Elektronen gemäß unserer Regel verschieden sein, und wir erhalten die möglichen Werte von $\overline{m_1}$ zu:

$$\overline{m_1} = \pm(^3/_2 + {}^1/_2),\ \pm(^3/_2 - {}^1/_2),\ (^3/_2 - {}^3/_2),\ (^1/_2 - {}^1/_2)$$
$$= \pm 2,\ \pm 1,\ 0,\ 0\,.$$

Daher ergibt sich bei Abwesenheit des Magnetfeldes

$$\text{ein Term mit } j = 2$$

$$\text{und ein Term mit } j = 0\,.$$

Wir erhalten daher im ganzen bei der Viererschale fünf verschiedene p-Terme mit maximaler Hauptquantenzahl, davon zwei mit $j = 2$, einen mit $j = 1$ und zwei mit $j = 0$.

Über die Gruppierung dieser Terme hinsichtlich ihrer Größe und die Intervallverhältnisse können wir nichts aussagen. Dagegen können wir über die zu erwartenden ZEEMAN-Aufspaltungen dieser Terme bestimmte Angaben machen.

Durch Einsetzen der zu den angegebenen m_1-Werten der einzelnen Elektronen gehörigen m_2-Werte (die aus den ZEEMAN-Termen der Alkalien bei starken Feldern zu entnehmen sind), ergeben sich zunächst gemäß der Vorschrift (1) die durch die folgende Tabelle wieder-

---

zweite Elektron hier als verschieden gezählt werden. Vgl. die Fußnote auf S. 234.

gegebenen Zeeman-Aufspaltungen der fünf p-Terme der Viererschale in starken Feldern:

$\overline{m_1}$	-2	-1	0	1	2
$\overline{m_2}$	$-3, -2$	$-2, -1, -1$	$0, 0, 0, 0, 0$	$1, 1, 2$	$2, 3$

Mittels der Summenregel, die von Landé [4] auch auf Multipletts höherer Stufe angewendet wurde, erhält man hieraus zur Bestimmung der Summe der g-Werte für die beiden Terme mit $j = 2$ (mit $\sum g_2$ bezeichnet) und des g-Wertes für den Term mit $j = 1$ in schwachen Feldern (mit g_1 bezeichnet) die Gleichungen

$$2\sum g_2 = 2 + 3 = 5, \qquad \sum g_2 + g_1 = 1 + 1 + 2 = 4.$$

Hieraus folgt

$$\sum g_2 = {}^5/_2, \qquad g_1 = {}^3/_2.$$

Eine Prüfung dieser theoretischen Ergebnisse für die Viererschale ist am ehesten bei Pb möglich. Hier sind vier p-Terme aus den Beobachtungen sicher ermittelt worden, während die Existenz eines fünften p-Termes noch zweifelhaft ist [7]. Bisher noch nicht veröffentlichte Messungen des Zeeman-Effektes einiger Bleilinien von E. Back machen es ferner sehr wahrscheinlich, daß den erstgenannten vier p-Termen die j-Werte (2, 2, 1, 0) zukommen und daß auch die g-Werte dieser Terme mit den theoretisch zu erwartenden im Einklang sind.[1])

[1]) Diese Angaben wurden mir durch das Entgegenkommen von Herrn Back ermöglicht, der mir in seine Messungsresultate schon vor ihrer Veröffentlichung freundlichst Einsichtnahme gestattete. Hierfür möchte ich ihm auch an dieser Stelle meinen wärmsten Dank aussprechen. Herr Back wird über seine Messungen in Verbindung mit der allgemeinen Frage der Termordnung des Bleispektrums demnächst an anderer Stelle berichten.

Anmerkung bei der Korrektur: Die Termordnung der Spektren von Blei und Zinn wurde inzwischen in einer Arbeit von Frl. Sponer weitergeführt, deren wichtigste Resultate in der Sitzung des Gauvereins Niedersachsen in Göttingen am 9. Februar vorgetragen wurden. Bei Zinn ergaben sich fünf p-Terme mit maximaler Hauptquantenzahl, deren j-Werte genau den theoretisch zu er-

Kehren wir nun wieder zur Diskussion der allmählichen Ausbildung der Achterschale zurück. Mittels des Reziprozitätssatzes, den wir auf die ganze BOHRsche Untergruppe mit $k = 2$ anwenden, die ja im abgeschlossenen Zustand sechs Elektronen enthält, können wir von den über die Viererschale gewonnenen Resultaten direkt zu der Anzahl der Realisierungsmöglichkeiten der Sechserschale (vier Elektronen mit $k_1 = 2$) übergehen, wie sie z. B. bei 0 realisiert ist. Zu den Fällen a), b), c) der Viererschale sind offenbar im genannten Sinne die folgenden Fälle der Sechserschale konjugiert:

a) Vier äquivalente n_{22}-Elektronen (zwei leere Plätze in der n_{21}-Gruppe). Diese Teil-Untergruppe ist abgeschlossen; daher wie oben unter a) ein Term mit $j = 0$.

b) Ein n_{21}, drei äquivalente n_{22}-Elektronen (ein leerer Platz in der n_{21}-, ein lereer Platz in der n_{22}-Gruppe).
Wie oben

ein Term mit $j = 2$

und ein Term mit $j = 1$.

c) Zwei äquivalente n_{21}, zwei äquivalente n_{22}-Elektronen (zwei leere Plätze in der n_{22}-Gruppe).
Die erste Teil-Untergruppe ist abgeschlossen. Wie oben:

ein Term mit $j = 2$,

ein Term mit $j = 0$.

Wir hätten demnach auch hier, z. B. bei Sauerstoff, fünf p-Terme mit der kleinsten Hauptquantenzahl zu erwarten. Es sind bisher bei O und S nur drei solche Terme beobachtet worden, und zwar mit den j-Werten

wartenden entsprechen. Bei Blei stimmen die erhaltenen j-Werte der vier bekannten größten p-Terme mit den Angaben des Textes überein. Für die Existenz eines fünften p-Termes mit $j = 0$, wie er bei Zinn vorhanden ist, konnten auch bei Blei Anhaltspunkte gewonnen werden.

2, 1, 0 [8]. Es muß abgewartet werden, ob sich noch zwei weitere p-Terme der betreffenden Hauptquantenzahl aus den Beobachtungen werden ermitteln lassen oder ob unsere Regel in diesem Falle modifiziert werden muß.

Über die Fünferschale (3 Elektronen mit $k_1 = 2$) liegen noch keine Beobachtungen vor, und wir wollen deshalb nur das Resultat der Diskussion angeben, daß gemäß unserer Regel diese Schale zu fünf p-Termen Anlaß geben sollte, davon ein Term mit $j = {}^5/_2$, drei Terme mit $j = {}^3/_2$ und ein Term mit $j = {}^1/_2$. Für die in den Röntgenspektren realisierte Siebenerschale folgt, wie bereits erwähnt, Alkaliähnlichkeit der Terme.

Wir wollen hier keine weiteren Spezialfälle diskutieren, bevor vollständigeres Beobachtungsmaterial vorliegt, aber aus den angeführten Beispielen dürfte ersichtlich sein, daß unsere Regel die Frage nach den Realisierungsmöglichkeiten der einzelnen Schalen bei gegebener Anzahl von äquivalenten Elektronen in jedem Falle eindeutig zu beantworten erlaubt. Daß die so erhaltenen Resultate mit der Erfahrung im Einklang sind, ließ sich bisher allerdings nur in den einfachsten Fällen feststellen.

Im allgemeinen sei noch bemerkt, daß die hier durchgeführten Überlegungen, was den Übergang von starkem zu schwachem bzw. verschwindendem Felde betrifft, im Prinzip auf der Invarianz der statistischen Gewichte der Quantenzustände beruhen. Für das Bestehen eines Zusammenhanges des Problems des Abschlusses der Elektronengruppen im Atom mit dem Korrespondenzprinzip, wie er von BOHR vermutet wurde, scheinen jedoch auf Grund der gewonnenen Resultate keine Anhaltspunkte vorhanden zu sein. Das Problem der näheren Begründung der hier zugrunde gelegten allgemeinen Regel über das Vorkommen von äquivalenten Elektronen im Atom dürfte wohl erst nach einer weiteren Vertiefung der Grundprinzipien der Quantentheorie erfolgreich angreifbar sein.

Literatur

[1] W. Pauli, Z. Phys. **31** (1925) 373.
[2] N. Bohr, Ann. Phys. **71** (1923) 228; vgl. besonders S. 276.
[3] W. Heisenberg und A. Landé, Z. Phys. **25** (1924) 279.
[4] A. Landé, Ann. Phys. **76** (1925) 273; vgl. besonders Abschnitt 2.
[5] Siehe N. Bohr, Drei Aufsätze über Spektren und Atombau. Braunschweig 1924.
[6] E. C. Stoner, Philos. Mag. **48** (1924) 719.
[7] V. Thorsen, Naturwiss. **11** (1923) 78; W. Grotrian, Z. Phys. **18** (1923) 169.
[8] J. J. Hopfield, Astrophys. J. **58** (1924) 114; O. Laporte, Naturwiss. **12** (1924) 598.

Sachverzeichnis

Der Autor

- **erklärt die Strahlungsformel für den schwarzen Körper und führt die Lichtquanten ein**

- **bespricht das Rutherfordsche und Bohrsche Atommodell**

- **legt die Strahlungstheorie auf der Grundlage der älteren Quantentheorie dar**

- **Im 2. Teil sind die grundlegenden Originalarbeiten von Planck, Einstein, Rutherford, Bohr, Franck und Hertz sowie Pauli wiedergegeben**

WISSENSCHAFTLICHE TASCHENBÜCHER

FSC
www.fsc.org
MIX
Papier | Fördert
gute Waldnutzung
FSC® C083411

Zeitfracht Medien GmbH
Ferdinand-Jühlke-Straße 7
99095 Erfurt, Deutschland
produktsicherheit@kolibri360.de